우리는 모든 것이 처음입니다.
부모가 된 것, 조그마한 아이를 위한 음식을 계획하고 요리하는 것,
내가 만든 음식을 아이에게 먹이는 것, 그런 아이의 성장을 지켜보는 것
모두가 처음이라 설레고 기대되면서도 두렵고 어려운 매 순간들이 있습니다.
아이도 마찬가지겠지요.
그 아이들과 부모님들을 생각하며 이 책을 정성껏 만들었습니다.

맛있는 요리를 만드는 레시피가 있는 것처럼
웃음, 힐링, 성장을 만드는 레시피도 있을까요?
레시피팩토리는 모호함으로 가득한 이 세상에서
당신의 작은 행복을 위한 간결한 레시피가 되겠습니다.

골고루 식습관 유아식

24개월 2~8세

Prologue

"아이도, 부모도 행복한 식탁 위의 시간을 위해 이 책을 썼습니다"

김미리

식습관 교육 전문 영양사, 두 딸 엄마

'아이들은 건강한 음식을 즐거운 마음으로 먹어야 한다'는 신념으로 오랫동안 편식 상담과 교육을 해왔습니다. 건강하게 먹지 않는 아이를 걱정하는 부모님보다는, 자꾸 싫은 것을 강요하는 부모를 둔 아이들에게 마음이 더 쓰였어요. '왜 먹고 싶지 않을까?', '왜 다른 것이 더 좋을까?', '왜 용기 내지 못할까?'를 이해하고 분석하며 찾은 원인과 해결법은 참 다양하지만, 아이 둘의 엄마가 되어 식습관 교육 전문 영양사로 일하면서, 더 격하게 공감하며 힘주어 말씀 드리고 싶은 것은 '처음'을 접하게 되는 그때가 부모에게도 아이에게도 가장 중요하다는 것입니다.

우리는 모든 것이 처음입니다. 부모가 된 것, 조그마한 아이를 위한 음식을 계획하고 요리하는 것, 내가 만든 음식을 아이에게 먹이는 것, 그런 아이의 성장을 지켜보는 것 모두가 처음이라 설레고 기대되면서도 두렵고 어려운 매 순간들이 있습니다. 아이도 마찬가지겠지요. 특히 처음 만나는 재료가 들어있는 음식은, 아이들은 어떤 맛일까 두렵고, 부모님은 어떻게 손질하고 요리해야 하나 걱정이 앞설 겁니다. 또한 아이가 어린이집이나 유치원을 다니기 시작하며 접하게 될 바깥 음식들에 대해 즐겁게 잘 먹을까 궁금하고 걱정도 될 겁니다.

이 책은 그런 아이들과 부모님을 위해 만들었습니다. 우리 아이들이 부모님의 울타리에서 조금 벗어나 처음 마주하게 될 단체급식과 외식을 경험하는 순간을 위한 선행학습서가 될 것입니다. 새로운 환경, 낯선 음식을 혼자서 만나게 될 우리 아이에게, 집에서 부모님과 함께 했던 식탁에서의 기억으로 안심과 용기를 주게 될 요리들을 모았습니다.

책에 수록된 요리와 레시피는 식품의약품 안전처 관할 전국 어린이집 및 유치원의 식단을 제공하는 어린이급식관리지원센터의 2년치 식단을 분석하여 메뉴의 제공 빈도수가 높고, 식재료의 사용 횟수가 많은 것들로 구성하였습니다. 평범한 메뉴, 특별할 것이 없는 재료라고 생각하지 마시고, 우리 아이들이 사회에 나가서 가장 많이 접하게 될 음식들이라는 것에 주목해주세요. 가정에서 선행학습이 이루어진다면, 단체급식과 외식에서도 즐거운 마음으로 맛있게 먹는 힘이 길러진답니다.

부모로서 처음 만들어주는 요리가, 우리 아이가 처음 맛보게 될 음식이 아이들에게는 '맛있고 즐겁다'는, 부모님께는 '간단하고 편리하다'라는 경험이 되어 온 가족이 즐겁고 맛있고 영양 있는 식탁 위의 시간을 보내며 행복하시길 바랍니다.

김좋은

유아식 전문 영양사 & 요리사, 아들 엄마

초등학생이던 어느 여름날, 학교를 마치고 돌아온 저는 거실에 앉아 TV를 보고 있었고, 엄마는 퇴근 후 분주하게 부엌에서 저녁 식사를 차리셨어요. 그날의 메뉴는 수제비였는데, 온 집안에 멸치 향이 가득할 만큼 진하게 내린 육수에 정성스레 반죽한 수제비를 얇게 떼어 넣으셨죠. 엄마는 "맛있게 먹어라"고 말씀하시면서 참기름 두 방울을 똑똑 떨어뜨린 수제비를 내어주셨습니다. 따뜻한 국물과 쫄깃한 식감, 고소한 참기름 맛이 어우러진 수제비는 너무 맛있었어요! 어찌나 맛있게 먹었던지 그날의 기억이 아직도 생생합니다.

저희 친정엄마는 37년간 워킹맘이셨어요. 바쁜 와중에도 엄마는 저녁밥만큼은 꼭 손수 만들어주셨습니다. 주변에 엄마가 일을 하는 친구들은 가끔 자장면이나 피자 같은 것을 시켜준다는 말을 듣고 엄마에게 조르기도 했지만, 그건 주말이나 특별한 날에만 가능한 일이었어요. 지금 제가 엄마처럼 워킹맘이 되어보니 엄마가 우리 남매에게 '조금이라도 더 건강한 음식을 먹이고 싶었던 마음이 크셨구나!' 싶어서 너무 감사하고 대단하다는 생각이 들어요.

이러한 엄마의 영향 덕분일까요? 요리하는 것에 대한 좋은 기억이 있어서인지 저도 요리를 좋아하게 되었고, 요리가 행복을 준다는 것도 깨달았어요. 그리고 제 아이에게도 엄마의 음식에 대한 좋은 기억을 주고 싶었습니다. 뿐만 아니라 모든 아이에게도 이 행복을 알려주고 싶어졌어요.

엄마로서 해줄 수 있는 최고의 선물이 무엇일까요? 다들 부모님께서 해주신 음식에 대한 기억이 있으신가요? 우리 아이도 성인이 되었을 때 저처럼 엄마가 해준 음식을 기억하게 될까요?

아이가 자라면서 엄마를 기억하는 많은 것들 중 하나는 분명 엄마가 해준 맛있는 음식이길 바라며 이 책을 씁니다.

Contents

■ 이럴 때는 이 메뉴 아이콘
아침 메뉴로 간단히 준비해 든든히 먹이기 좋은 메뉴
편식하는 재료를 감추어 먹이기 좋은 특급 메뉴
소풍이나 체험학습 도시락에도 잘 어울리는 메뉴
바쁜 날, 냉장고 재료로 초간단하게 영양 부족하지 않게 준비하는 메뉴
생일파티에 준비하면 아이들이 환호할 메뉴

Prologue

Basic Guide

Chapter1

밥

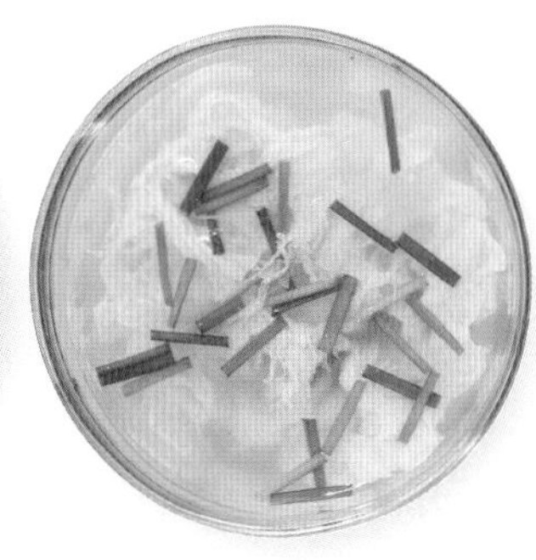

Chapter2

국, 탕, 찌개

Chapter3

단백질 메인반찬

Chapter4

사이드 반찬

Chapter 5

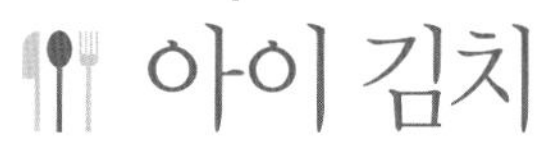

아이 김치

Chapter 6

한그릇 밥과 면

Chapter 7

죽과 수프

Chapter 8

영양 간식

index

Basic Guide

집에서도, 밖에서도 편식 없이 잘 먹는 우리 아이 유아식 시작하기

성장 발육이 활발한 유아기에는 무엇보다 음식 섭취가 중요하지요.
유아식을 막 시작한 엄마들이 가장 궁금해하는 영양 정보와 건강하게
먹이는 방법을 소개했습니다. 또한 아이의 편식이 고민인 엄마들을 위해
다시 골고루 잘 먹일 수 있는 식습관 교정법과 식단도 알려드려요.
먼저 아이를 키워본 선배맘의 노하우, 그리고 어린이들을 위해 식단을
짰던 영양사로서의 전문 지식을 바탕으로 유아식 실전에 도움이 되는
유용한 정보를 담았으니 유아식을 시작하기 전 꼼꼼히 읽어보세요.

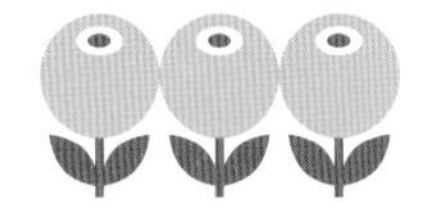

영양사맘 advice

“ 이유식을 무사히 끝낸 아기에겐
이제 밥과 반찬을 차려줘야 하죠.
미리 넉넉히 만들어두고 먹였던
이유식과 달리, 그날그날 준비해야 하는
유아식이 더 어렵게 느껴질 수 있어요.
하지만 아이 성장에 너무나 중요한
시기이기에 이유식 못지 않게 세심하게
신경 써야 한답니다.
먼저 어떤 영양소가 필요하고,
얼마나 먹여야 하는지 알아두면
요리할 때 도움이 될 겁니다. ”

1 유아기와 유아식의 이해

※ 2023년부로 변경된 만 나이 기준
※ 열량은 연령별 필요추정량 적용
※ 그 외 영양소는 권장섭취량 기준
1) 권장섭취량 기준이 없는 경우 충분섭취량 기준 적용
2) 아동기의 경우 남녀 영양소 섭취기준 평균값 적용

＊연령별 주요 영양소 섭취 기준

		열량(kcal)	탄수화물 : 단백질 : 지방 구성(%)	단백질(g)
영아	0~5개월	500	-	10[1]
	6~11개월	600	-	15
유아	1~2세	900	55~65 : 7~20 : 20~35	20
	3~5세	1,400	55~65 : 7~20 : 15~30	25
아동[2]	6~8세	1,600	55~65 : 7~20 : 15~30	35
	9~11세	1,900	55~65 : 7~20 : 15~30	48

유아기란?

보건복지부와 한국영양학회의 한국인 영양소 섭취 기준(2020)에 따르면 1세부터 5세까지(2023년부로 변경된 만 나이 기준, 변경 전 3~7세)를 유아기로 분류하고 있습니다. 이 책에서는 완료기 이유식까지 끝내고 본격적으로 유아식을 시작하는 2세(24개월)부터 아동기 전기(8세)까지 아이들에게 만들어 먹이기 좋은 메뉴들을 소개했습니다.

※ 2023년부로 변경된 만 나이 기준

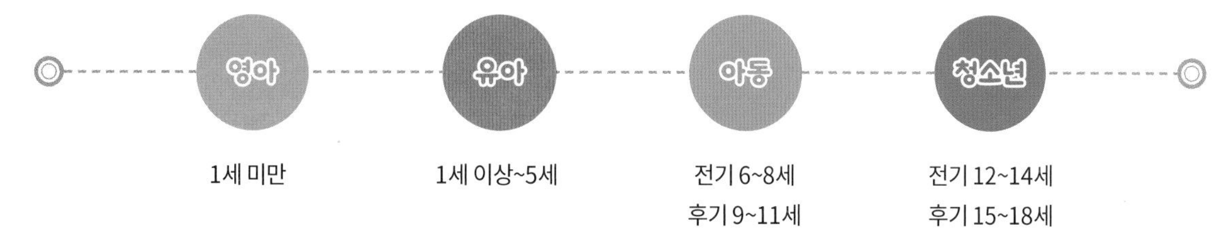

유아기의 영양 섭취

보건복지부는 국민의 건강 증진과 만성질환 예방에 도움이 되는 에너지 및 각 영양소의 적정 섭취 수준을 제시하고 있습니다. 건강 증진을 위해 필요한 영양소 40종 중 어린이의 성장과 발육에 중요한 에너지 적정 섭취 비율(탄수화물, 단백질, 지방), 영양소(비타민 A, 비타민 C, 비타민 B_1, 비타민 B_2, 칼슘, 철)와 열량을 소개합니다. 매 식사마다 정확한 양을 맞추기는 어렵지만, 식사를 준비할 때 아래 표를 참고해 영양소가 풍부한 재료를 선별하고 탄수화물, 단백질, 지방의 비율을 고려하여 준비해주세요.

비타민 A(μgRAE)	비타민 C(mg)	비타민 B_1_티아민(mg)	비타민 B_2_리보플라빈(mg)	칼슘(mg)	철(mg)
350[1)]	40[1)]	0.2[1)]	0.3[1)]	250[1)]	0.3[1)]
450[1)]	55[1)]	0.3[1)]	0.4[1)]	300[1)]	6
250	40	0.4	0.5	500	6
300	45	0.5	0.6	600	7
425	50	0.7	0.85	700	9
575	70	0.9	1.1	800	11

출처. 한국인 영양소 섭취 기준(2020)/한국영양학회

유아기에 영양 섭취가 중요한 이유

- 유아기는 신체적 성장과 모든 기관의 발달이 활발하게 일어나는 시기입니다. 영양 균형 맞추어 잘 먹어야 정상적인 성장과 발달은 물론 평생 가는 건강의 기초까지 탄탄히 다져줄 수 있습니다.
- 성장 발육이 왕성하기 때문에 특히 단백질, 무기질, 비타민의 요구량이 증가합니다.
- 유아기는 영아기보다 체지방은 감소하나, 성별에 따라 차이가 있습니다. 남아는 여아보다 근육이 발달하고, 여아는 남아보다 체지방이 증가합니다.
- 성장과 활동에 따른 영양소 필요량이 많아지지만, 위의 용량이 작아서 한꺼번에 많이 먹지 못합니다. 식사만으로는 부족하기 때문에 식사와 식사 사이에 간식이 필요합니다. 이때 간식은 과자, 사탕 등의 군것질거리와는 다른 개념입니다. 식사에서 보충하지 못한 열량과 영양소를 보충해 주는 것을 의미합니다.

좋은 식습관 형성도 중요한 이유

- 유아기에는 신체 조절과 인지 능력이 발달하면서 음식에 대한 표현도 많아집니다. 반면 아직 소화 및 흡수 능력은 떨어지지요. 유아의 신체적, 심리적 특성을 고려해 편식 없이 골고루 잘 먹는 긍정적인 식습관을 키워주세요. 이때가 최적의 시기입니다.
- 유아기부터는 어린이집이나 유치원 등 기관에서 보내는 시간이 늘어납니다. 급식을 먹을 때 좋은 식습관을 가지고 있으면 칭찬도 많이 받게 되지요. 이는 영양 섭취에도, 또 아이의 자존감을 높이는 데에도 도움이 될 겁니다.

올바른 식습관 형성을 위해서는 일관성 있는 식사 지도가 중요해요

식사 시작 직전부터 끝마치는 순간까지 동선을 고려해 온 가족이 지켜야 하는 식사 규칙(17쪽)을 정해보세요. 어린이집이나 유치원에서의 식사 규칙과 동일하게 짜서 아이와 함께 이야기도 나눠보고 반복적으로 행동하게 하면 좋습니다.

온 가족이 함께하는 '거울 효과'의 힘을 믿으세요

'거울 효과'는 무의식적인 모방 행위를 일컫는 심리학 용어입니다. 자기 모습을 거울에 비추어 보듯이 내가 상대의 모습을 자연스럽게 따라 하면, 상대가 친근감을 느껴 나에게 더욱 호감을 느끼게 되는 효과도 있지요. 식사 시간에 부모님이 먼저 모범적인 식사 습관을 보여주게 되면, 아이도 무의식적으로 그 행동을 따라 하게 되고 자연스럽게 습관이 됩니다. 또한 아이가 잘 하고 있다면 부모도 그 모습을 따라 하며 격려해주세요. 칭찬은 골고루 먹는 행동을 강화시켜주며 건강한 식습관을 오랫동안 지속하도록 도와줍니다.

약속 이행을 위해 '토큰제'를 활용하세요

토큰제는 스티커 모으기, 도장 찍기 등 미션을 잘 수행했을 때 보상을 주는 것을 의미합니다. 이때 물질적인 보상은 자율성을 훼손시키니 안아주기, 뽀뽀하기처럼 정서적인 것으로 해주는 것이 더 좋습니다.

＊ 식사 동선을 고려한, 아이와 함께 실천하는 식사 규칙

영양사맘 advice

"집에서는 잘 먹는데
유치원이나 어린이집에서는
잘 먹지 않거나, 느리게 먹는 아이들.
또는 그 반대인 아이들이 있죠.
만약 그렇다면 급식에서 많이 활용하는
식재료나 메뉴들을 집에서 충분히
접해서 친해지게 유도해보세요.
집에서도, 밖에서도 편식 없이
잘 먹는 아이로 키우는 데 도움이 돼요."

2 골고루 잘 먹는 식습관을 길러주는 방법들

급식에서 자주 제공되는 재료와 음식, 집에서도 경험하게 하기

- 아이들이 싫어하는 재료나 음식을 8번 이상 접하면 거부감이 조금씩 줄어든다는 연구 결과가 있어요. 집에서 골고루 먹이되, 급식에서 자주 제공되는 재료와 음식을 적절히 활용해 아이가 충분히 접하게 한다면 집에서도, 밖에서도 편식 없이 잘 먹는 식습관을 키우는데 도움이 되지요.
- 어린이집, 유치원 식단은 식품의약품 안전처 관할 어린이급식관리지원센터에서 관리하고 있고, 매월 표준식단이 제공되고 있습니다.
- 저희는 최근 2년간의 표준식단표를 분석해 급식에서 아이들에게 가장 많이 제공되는 재료와 메뉴를 골라 이 책의 레시피에 적극 활용했어요. 아이에게 노출되는 식재료의 빈도수를 자연스럽게 늘려 언제, 어디서든 편식 없이 골고루 잘 먹는 식습관을 키우기 위함이에요. 책에 소개된 메뉴가 아니더라도 19쪽의 표를 참고해 유아식에 활용하세요.

＊ 어린이집, 유치원 급식에서 가장 많이 나오는 식재료 & 음식(최근 2년)

사용 횟수가 가장 많은 식재료

	탄수화물류	단백질류	채소류	과일류	유제품류
1	백미	쇠고기	무	사과	우유
2	감자	돼지고기	콩나물	바나나	두유
3	고구마	두부	미역	오렌지	치즈
4	식빵	달걀	시금치	포도	떠먹는 요거트
5	기장	닭고기	양배추	딸기	
6	떡볶이 떡		애호박	키위	
7	단호박		팽이버섯	배	
8	백설기		오이		

제공 빈도수가 가장 높은 메뉴

	밥	국	단백질 메인반찬	사이드 반찬	간식
1	백미밥	된장국	쇠고기 채소볶음	시금치나물	우유
2	기장밥	미역국	불고기	감자채볶음	사과
3	흑미밥	달걀국	닭가슴살볶음	어묵볶음/조림	식빵
4	수수밥	콩나물국	두부구이	멸치볶음	백설기
5	찹쌀현미밥	뭇국	달걀말이	양배추샐러드	고구마
6	차조밥	순두부국	간장 닭갈비	브로콜리 채소전	시리얼
7		채소 맑은국	생선구이	감자조림	바나나
8			달걀/메추리알장조림	오이소박이	주먹밥
9				무생채	치즈

※ 최근 2년치 순위의 평균값을 기준으로 한 순위입니다.

영양 밸런스 맞추기 좋은 식판 활용하기

식판식은 아이가 먹는 양을 확인할 수 있고, 편식 없이 골고루 먹게 하는 좋은 방법 중 하나입니다. 식판 위에 다양한 음식을 노출시켜 음식에 대한 호기심도 줄 수 있죠. 또한 스스로 먹는 훈련을 할 수 있고, 음식의 양이 줄어드는 것을 보며 먹기 때문에 아이가 성취감을 느끼게 됩니다.

식판을 구성할 때는 식판 칸수를 꽉 채워야 한다는 생각보다, 어떻게 하면 골고루 잘 먹일 수 있을까를 고민하세요. 골고루 식판을 채워 준비했지만, 아이가 다 먹지 못하거나 거부했을 때는 실망하지 말고 부족한 영양을 간식으로 보충해주세요. 아이가 좋아하는 캐릭터나 모양이 있는 식판을 준비하면 식사 시간이 좀 더 즐거워진답니다.

균형 있는 영양을 위한 식판 구성법

- **밥 + 국물 + 단백질 메인반찬 + 사이드 반찬① + 사이드 반찬②**로 구성하세요.
- **밥** 백미밥이나 잡곡밥, 또는 영양밥을 준비해요. 이때 잡곡의 경우, 아이들의 소화력이 약하니 5~10% 이하로 소량 섞으세요.
- **반찬** 잘 먹는 반찬 1가지 + 평소 잘 먹는 것에 새로운 재료나 잘 먹지 않는 재료를 섞어서 만든 반찬 1가지 + 처음 접해보는 반찬 1가지로 구성하세요.
- **국** 단백질 재료(쇠고기, 닭고기, 생선, 달걀, 두부 등)를 1가지 정도 더해서 만들어주면 좋아요.
- **3끼 중 1끼 정도는 일품식사**로 준비해보세요. 한그릇 밥이나 면, 빵 등 영양소가 골고루 들어간 메뉴로 준비하고, 이때는 식판 대신 아이의 호기심을 자극하는 컬러나 모양의 그릇에 담는 것을 추천해요.

필요한 열량(에너지)를 위한 식판 구성법

- 밥, 국의 건더기 양, 단백질 메인반찬은 열량원이 되는 탄수화물, 단백질, 지방을 제공하기 때문에 1~2세와 3~5세 아이 식판에 담기는 양에 있어서 사진(21쪽)처럼 차이가 큽니다. 컵과 식판에 담겨진 양을 참고해 담아주세요. 그 외 사이드 반찬은 아이의 기호에 따라 조절해도 됩니다.
- 좋아하는 반찬을 먼저, 또 많이 먹으려는 습성은 아이들이 공통으로 가지고 있답니다. 아이가 좋아하는 음식은 처음부터 많은 양을 식판에 담는 것보다 적정량을 담아 다른 반찬도 골고루 먹을 수 있게 하세요.

＊ 연령에 따른 제공 음식 분량 차이

1~2세

3~5세

이 책의 메뉴들로 구성한 4주간의 추천 식단

1주	월	화	수	목	금	토	일
밥	백미밥	청경채 닭볶음밥	백미밥	당근밥	현미밥	돼지고기 숙주우동	유부초밥
	48쪽	218쪽	48쪽	50쪽	48쪽	248쪽	228쪽
국물	-	팽이버섯 미소국	감자 된장찌개	바지락 미역국	들깨 무국	-	달걀 부춧국
		70쪽	88쪽	72쪽	62쪽		60쪽
단백질 메인 반찬	간장 닭조림	-	치즈 오믈렛	당면 불고기	채소 동태전	-	-
	108쪽		106쪽	120쪽	136쪽		
사이드 반찬 ①	모둠 버섯볶음	-	허니 버터 멸치볶음	새우젓 애호박나물	쑥갓 두부무침	채소스틱과 치즈소스	-
	168쪽		180쪽	164쪽	162쪽	277쪽	
사이드 반찬 ②	안 매운 배추김치	사과 깍두기	안 매운 배추김치	김치볶음	안 매운 배추김치	-	-
	202쪽	196쪽	202쪽	205쪽	202쪽		
간식	구운 고구마빠스	삶은 감자& 과일주스	요거트 과일볼	제철 과일& 저염 치즈	메추리알 떡볶이	파프리카 떡잡채	아보카도 또띠아피자
	282쪽	274쪽	276쪽		286쪽	284쪽	304쪽

2주	월	화	수	목	금	토	일
밥	저염 감자카레 밥	백미밥	현미밥	콩나물밥	현미밥	토마토소스 파스타	잡곡밥 리조또
	240쪽	48쪽	48쪽	50쪽	48쪽	250쪽	236쪽
국물	-	표고버섯 새우탕	애호박 된장국	콩가루 배춧국	두부 미역국	옥수수 브로콜리 수프	-
		84쪽	68쪽	64쪽	72쪽	268쪽	
단백질 메인 반찬	-	두부 채소 스크램블	가쓰오부시 달걀말이	닭안심 크림조림	쇠고기 폭찹	-	-
		98쪽	102쪽	110쪽	122쪽		
사이드 반찬 ①	연근 콘샐러드	들기름 배추나물	브로콜리 깨무침	새콤 청포묵 김무침	-	-	채소스틱과 치즈소스
	186쪽	156쪽	160쪽	172쪽			277쪽
사이드 반찬 ②	물김치	-	물김치	딸기잼 채소피클	물김치	딸기잼 채소피클	-
	200쪽		200쪽	148쪽	200쪽	148쪽	
간식	치즈 달걀빵	유자청 소떡소떡	찐고구마 & 우유	제철 과일 &우유	요거트 당근라페 샌드위치	어묵볼 떡볶음	No 밀가루 바나나 팬케이크
	296쪽	290쪽	274쪽		300쪽	288쪽	298쪽

3주	월	화	수	목	금	토	일
밥	현미밥	백미밥	단호박 영양밥	삼색 비빔밥	백미밥	김치 베이컨 볶음밥	달걀 새우 볶음쌀국수
	48쪽	48쪽	52쪽	224쪽	48쪽	222쪽	246쪽
국물	버섯 닭곰탕	콩나물국	-	건새우 근대국	맑은 순두부국	-	-
	80쪽	58쪽		66쪽	74쪽		
단백질 메인 반찬	두부구이와 채소 양념장	쇠고기 우엉볶음	새우 브로콜리 버터볶음	-	가자미 토마토조림	-	-
	94쪽	116쪽	130쪽		140쪽		
사이드 반찬 ①	들깨 콩나물무침	레몬 오이무침	캐슈넛 청경채무침	-	가지전	-	양송이버섯 치즈구이
	150쪽	146쪽	158쪽		166쪽		170쪽
사이드 반찬 ②	안 매운 배추김치	물김치	안 매운 배추김치	-	안 매운 배추김치	딸기잼 채소피클	-
	202쪽	200쪽	202쪽		202쪽	148쪽	
간식	요거트 과일볼	찐 단호박 & 우유	치즈 감자 그라탕	치즈 달걀빵	제철 과일 & 저염 치즈	단호박 땅콩조림	크랜베리 햄주먹밥
	276쪽	274쪽	281쪽	296쪽		280쪽	292쪽

4주	월	화	수	목	금	토	일
밥	연두부 달걀덮밥	백미밥	현미밥	백미밥	무밥	어묵국수	견과류 마파 두부덮밥
	210쪽	48쪽	48쪽	48쪽	50쪽	244쪽	212쪽
국물	-	사골 백짬뽕탕	견과류 감자 크림수프	맑은 동태탕	돼지고기 콩비지찌개	-	-
		86쪽	266쪽	82쪽	90쪽		
단백질 메인 반찬	-	사과소스 새우 탕수	한입 돈가스	귤 마리네이드 닭구이	토마토 달걀찜	-	-
		132쪽	128쪽	112쪽	100쪽		
사이드 반찬 ①	-	들깨 콩나물무침	연근 콘샐러드	흑임자소스 양배추무침	게맛살 숙주볶음	-	배생채
		150쪽	186쪽	152쪽	174쪽		198쪽
사이드 반찬 ②	사과 깍두기	안 매운 배추김치	-	안 매운 배추김치	물김치	돼지고기 백김치전	-
	196쪽	202쪽		202쪽	200쪽	206쪽	
간식	파프리카 떡잡채	찐 옥수수 & 과일주스	구운 고구마빠스	치즈 오트쿠키	제철 과일 & 우유	김 달걀죽	달걀말이 샌드위치
	284쪽	274쪽	282쪽	294쪽		258쪽	302쪽

편식이 있다면, 푸드 브릿지로 점차 개선시키기

잘 안 먹는 아이 vs. 못 먹는 아이

- '잘 안 먹는 아이'는 지금 이것을 먹지 않으면 자신이 먹고 싶은 것을 먹을 수 있다는 것을 알고 자유의지에 의해 안 먹으려는 행동을 보입니다. 이런 행동을 보이는 아이는 영양교육, 대화법, 양육 스타일, 훈육 등으로 빠르게 개선이 됩니다.
- '못 먹는 아이'는 신체적, 심리적으로 힘들어 먹지 못하는 행동을 보입니다. 시각, 후각, 미각, 촉감적으로 어떤 음식이나 식재료가 부담스럽게 느껴지거나, 몸의 불편함, 나쁜 경험, 좋지 않은 기억, 걱정 등으로 인해 나타나는 행동일 수 있습니다. 이럴 때는 지금 섭취하고 있는 음식의 열량이나 영양소 등을 고려하여 한 끼를 먹더라도 영양을 밀도 있게 섭취할 수 있도록 빈번한 노출, 다양한 요리법, 좋아하는 맛 찾기 등의 다양한 시도를 통해 아이가 친숙하게 잘 먹을 수 있도록 도움을 주어야 합니다.

푸드 네오포비아 & 푸드 브릿지

- 한 연구에 따르면 유아기의 편식은 '새롭고 낯선 음식을 거부하는 행동과 관련이 있다'고 합니다. 이를 '푸드 네오포피아(food neophobia)'라고 해요.
- 푸드 네오포비아 지수가 가장 높은 음식이 채소입니다. 이 연구에서는 새로운 음식의 친숙도를 높이기 위해서는 '반복적인 노출'이 가장 효과적이고, 싫어하는 음식을 아이가 좋아하기까지는 '최소 8번 이상'의 노출이 필요하다고 말합니다.
- 반복적인 노출을 통해 아이가 좋아하지 않는 식재료와 친해지게 하는 방법을 '푸드 브릿지(food bridge)'라고 해요. 음식을 여러 방법을 통해 단계적으로 아이에게 노출해 거부감을 줄여주는 방법이지요. 이렇게 점차 식재료에 대한 노출을 늘려주면 아이는 천천히 자연스럽게 식재료를 받아들일 수 있게 됩니다.
- 27쪽의 각 단계를 거쳐 편식하는 식재료를 접하게 해보세요. 2단계에서 실패하면 다시 1단계로, 3단계에서 실패하면 다시 2단계로 돌아가 시도하면 됩니다. 편식하는 식재료로 요리할 때 아이랑 같이 해보는 것도 좋은 방법이에요.

푸드 브릿지 단계 **아이들이 편식 하는 재료 시금치, 푸드 브릿지 적용하기**

1단계 애착 형성

싫어하는 재료를 동화, 미술, 놀이 등을 활용하여
오감으로 체험하게 해서 애착을 형성하는 단계

시금치를 갈아 물감 놀이를 해보세요. 오감을 통해 물감의
재료였던 시금치를 탐색하는 기회가 됩니다.

2단계 간접 노출

재료의 형태를 완전히 알아볼 수 없게 하여, 아이가
호기심을 보일만한 형태 혹은 좋아하는 음식에 넣어
맛보게 하는 단계

시금치를 갈아서 즙을 낸 후 수제비 반죽에 넣어 수제비를
만들어 먹여보세요.

3단계 소극적 노출

재료의 비중은 5~10%로 하여 잘게 다지거나 형태를
알아볼 수 없도록 소량을 요리에 넣어 맛보게 하는 단계

잘게 다진 시금치와 좋아하는 다른 재료를 함께 섞어
주먹밥을 만들어주세요.

4단계 적극적 노출

비중을 높여 재료 본연의 맛을 느껴볼 수 있게
제공하는 단계

시금치를 데쳐 시금치나물을 만들어 식판에 조금씩
올려주세요.

영양사맘 advice

"아이들의 입맛은 엄마가 길들이기 나름이죠. 아이용 따로 어른용 따로 요리하기 힘들다면 아이용으로 한꺼번에 만든 후 어른이 먹을 만큼 덜어서 소금, 고춧가루, 간장 등을 추가로 넣어 간을 맞추면 좋아요."

3 아이의 성장과 건강을 꼼꼼히 챙기는 방법들

유아식에서 저염과 저당이 필요한 이유

저염

- 유아기에 섭취하는 나트륨의 양은 성장에도 영향을 미칩니다. 나트륨의 과다 섭취는 성장 발육에 중요한 영양소인 칼슘과 아연의 흡수를 방해하기 때문이지요.
- 아이들이 짠맛으로 인한 갈증을 해소하기 위해 달콤한 주스나 탄산음료를 자주 마시게 되면 편식의 원인이 되고, 소아비만의 위험도 커집니다.
- 짠맛에 길들여지기 전인 유아기에 저염 식단을 섭취하여 우리 아이가 건강한 입맛을 가질 수 있도록 해주세요. 이 책에 수록된 레시피의 염도는 영유아 1일 나트륨 충분섭취량을 감안하여 아래와 같이 맞췄습니다.

*** 1일 나트륨 충분섭취량**

- 국의 염도 : 0.6~0.8
- 김치의 염도 : 0.8~1.0

810mg	1,000mg	1,200mg
생후 12~24개월	유아기 3~5세	아동기 6~8세

저당

- 과도한 첨가당(설탕, 꿀, 액상과당, 물엿, 시럽 등)의 섭취는 열량의 과다섭취와 함께 비만, 더부룩함, 장기능 저하, 충치 등을 유발합니다. 이 책의 모든 메뉴에는 첨가당의 사용을 최대한 줄이고, 천연당을 소량 사용하여 단맛을 냈습니다.
- 식사에서 첨가당 사용을 줄여도 간식과 과자, 사탕, 초콜릿 등의 군것질의 첨가당 섭취가 높을 수 있으니, 가공식품을 구입할 때는 포장지에 적힌 영양표시를 보고 당류의 양을 확인하세요. 적은 것일수록 좋습니다.
- 조리 및 가공식품으로 인한 첨가당의 섭취는 하루 총 열량의 10% 이내로 섭취하도록 합니다. 예를 들어, 3~5세 하루 1,400kcal를 섭취하는 유아는 하루 첨가당을 35g 이내로 먹도록 합니다.

대근육 발달에 필요한 중요 영양소

유아기는 신체 성장이 활발한 시기라서 대근육과 운동 능력 발달에 도움이 되는 단백질의 섭취가 중요합니다. 단백질은 근육과 피부, 항체, 효소 등의 기본 재료입니다. 건강한 신체를 유지하고 정상적인 성장 발달을 위해서는 양질의 단백질을 균형 있게 섭취해야 합니다. 단백질 섭취가 부족하면 성장 지연, 칼슘과 뼈의 손실, 골격근 감소, 면역기능의 저하, 심부전, 빈혈, 감정 장애 등의 문제가 나타날 수 있어요.

＊1일 단백질 권장섭취량

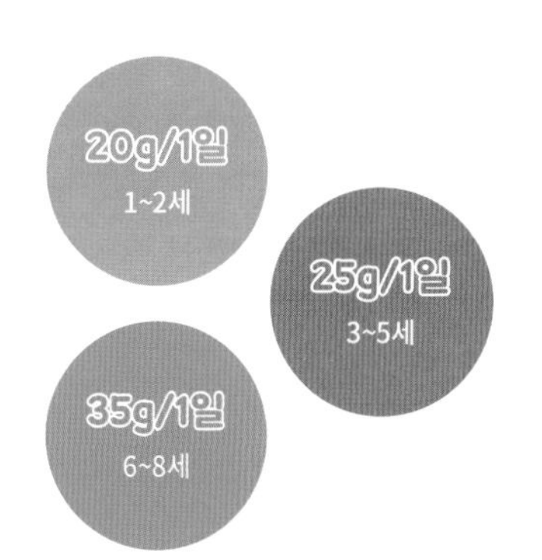

- 아이의 1일 단백질 권장섭취량은 1~2세는 20g/1일, 3~5세는 25g/1일, 6~8세는 35g/1일입니다.
- 매끼 식사에서 1~2종의 단백질을 섭취하면 좋습니다. 동물성 단백질 반찬과 식물성 단백질 반찬을 적절히 섞어주세요.
- 식사에서 부족한 단백질량은 간식으로 보충해주세요.

단백질이 풍부한 식재료

- **동물성 단백질** 고기류, 생선류, 해물류, 달걀 등
- **식물성 단백질** 콩류, 두부, 나또 등
- **그 외** 유제품(치즈, 요거트), 견과류, 퀴노아, 호박씨 등

간편하게 챙겨주기 좋은 단백질 간식

연두부, 삶은 콩, 견과류, 두부과자, 스트링 치즈, 요거트, 삶은 달걀, 메추리알조림, 닭꼬치, 저염 육포, 저염 소시지, 미트파이

골격, 치아 성장을 위한 중요 영양소

태어난 후로 청소년 시기인 18세까지 뼈가 꾸준히 자라므로 칼슘은 필수적인 영양소입니다. 칼슘은 골격과 치아의 발달, 혈액의 응고, 신경 전달, 근육 수축과 이완 등의 역할을 합니다. 영유아와 성장기 아동이 만성적으로 칼슘 섭취가 부족하면 성장이 지연되고 골연화증 및 골다공증의 발생 위험이 증가할 수 있습니다.

뼈 건강에 좋은 식재료

칼슘이 함유된 음식 섭취 시 주의점

- 우유를 먹어 속이 좋지 않은 경우에는 따뜻하게 데워주거나 요거트, 유당분해 우유 등으로 대체하세요.
- 시금치, 무청, 근대 등에 들어있는 수산염이나 밀기울, 밀, 콩류에 포함된 피틴산은 칼슘 흡수를 저해하니 칼슘이 풍부한 식품과 같이 섭취하지 않게 주의하세요.

두뇌 발달에 도움을 주는 중요 영양소

두뇌는 6세까지 성인의 90%까지 자라므로 이 시기에는 두뇌 발달에 도움을 주는 오메가3 지방산, 마그네슘, 비타민 B_1(티아민), 비타민 B_6, 비타민 B_9(엽산), 비타민 B_{12}, 비타민 C·D·E, 아연을 충분히 섭취하는 것이 필요합니다. 두뇌 발달에 특히 도움이 되는 식재료를 소개하니 반찬이나 간식에 두루 활용하세요.

두뇌 발달에 좋은 식재료

콩

단백질, 복합탄수화물, 미네랄, 섬유질이 풍부해 두뇌 건강에 좋습니다. 콩은 한번 먹을 때 10g(1큰술) 정도를 다른 단백질 식품들과 함께 섭취하면 좋습니다.

해조류

미역, 다시마와 같은 해조류는 요오드가 풍부하여 뇌기능의 활성을 돕고 두뇌 발달에 좋습니다. 또한 칼슘 함량이 높기 때문에 아이의 집중력이 향상됩니다. 해조류는 불린 것으로 약 15g을 한번 먹을 양으로 제공해주세요.

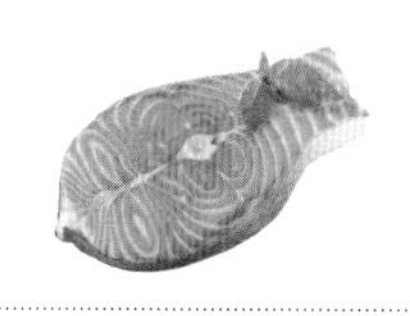

연어

아이의 두뇌 발달에 좋은 DHA, EPA 등 오메가3 지방산이 풍부합니다. 이들은 두뇌를 구성하는 세포를 만들고 두뇌 발달을 돕습니다. 연어는 한번 먹을 때에 약 30g 정도가 적당해요.

달걀

노른자에는 콜린이 함유되어 있어 간기능 향상에 좋으며, 레시틴과 함께 두뇌 발달에 도움을 줍니다.
달걀은 한 번에 1/2~1개 정도의 양을 섭취하면 적당합니다.

바나나

칼륨과 다량의 비타민 C, 마그네슘과 섬유질이 함유되어 있어, 대뇌 기능 및 기억력에 좋은 식품입니다. 또한 트립토판이 풍부해 신경을 안정시켜주며, 신경전달물질의 생성을 돕는 비타민 B_6를 함유하고 있습니다. 바나나의 1회 제공량은 약 50g(1/2개)입니다.

시금치

두뇌 발달에 꼭 필요한 항산화 성분이 포함되어 있고, 뇌세포 생성에 관여하는 엽산이 풍부하며, 카로틴, 비타민 C, 철분이 풍부합니다. 시금치는 나물로 약 1/2접시, 생것으로 35g이 1회 섭취량입니다.

호두

오메가3 지방산이 풍부해 뇌 신경세포 간의 물질 전달을 원활하게 촉진합니다. 항산화 물질인 비타민 E도 풍부해 기억력을 향상하고, 집중력을 높이는 데 도움을 줍니다. 호두는 하루에 2~3알이 적당하며, 설사 등을 보인다면 양을 줄여주세요.

피할 수 없는 가공식품, 조금 더 안전하게 먹이기

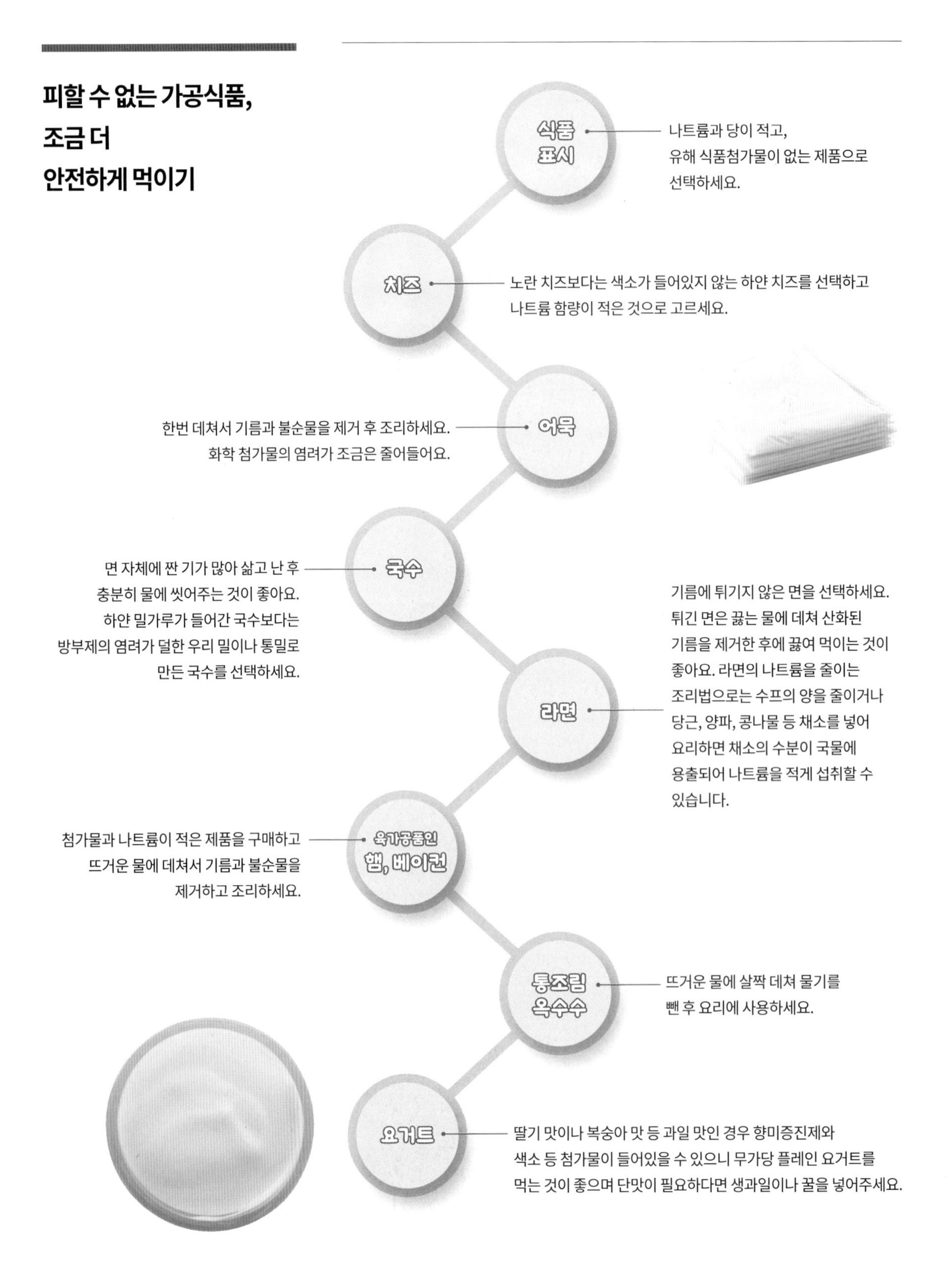

주의해야 할 첨가물

가공식품이나 시판 제품을 선택할 때 어떤 식품첨가물이 들어있는지 꼭 확인하세요. 여기에 소개한 독성이 강한 첨가물은 최대한 피하는 것이 좋습니다.

☑ 타르색소

예쁜 색감을 나타내기 위한 타르색소는 인체에 간독성, 혈소판 감소증, 천식, 암 등을 유발한다는 연구 결과가 있습니다.

☑ 아황산나트륨

식품이 변색하지 않도록 보존하기 위해 사용하는 표백제 역할을 합니다. 물에 녹으면 강한 산성을 띠게 되어 많이 먹으면 두통, 복통, 메스꺼움, 기관지염 등의 부작용이 발생합니다. 뿌리채소(연근, 도라지 등)의 경우 세척하지 않은 상태의 것으로 사는 것이 가장 안전하며, 껍질을 벗겨 세척된 상태의 것이라면 물에 가볍게 데쳐서 사용하는 것이 좋습니다.

☑ 안식향산나트륨

음료의 부패를 막기 위한 첨가물로 과도하게 섭취하면 눈, 점막의 자극, 신생아 기형 유발, 두드러기 같은 피부염을 일으킬 수 있습니다. 안식향산나트륨이 첨가된 과일이나 채소 음료, 유산균음료 등은 어린이 기호식품으로 품질인증을 받을 수 없지만, 그렇지 않은 일반 식품은 확인하는 것이 안전합니다.

☑ 아질산나트륨

식품의 색을 유지, 강화하기 위한 발색제로 주로 육가공품에 쓰이며 구토, 발한, 호흡곤란의 부작용이 있습니다.
아질산나트륨은 조리할 때 타거나 너무 익게 되면 발암물질인 니트로사민이 발생합니다. 5세 미만의 어린이들과 임산부는 많이 섭취하면 심각한 문제가 발생할 수도 있으니 섭취량에 주의하는 것이 좋습니다.

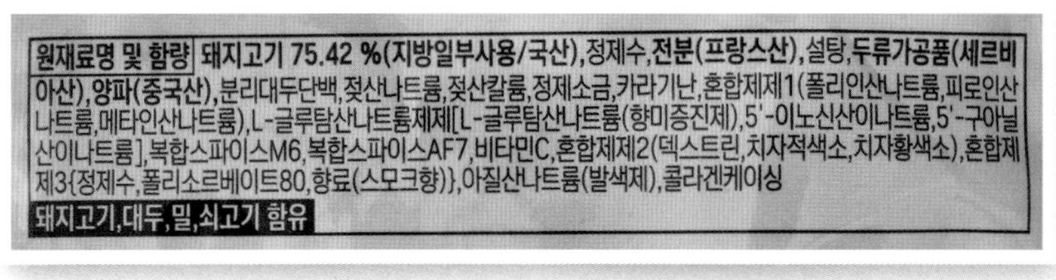

원재료명 및 함량 돼지고기 75.42 %(지방일부사용/국산),정제수,전분(프랑스산),설탕,두류가공품(세르비아산),양파(중국산),분리대두단백,젖산나트륨,젖산칼륨,정제소금,카라기난,혼합제제1(폴리인산나트륨,피로인산나트륨,메타인산나트륨),L-글루탐산나트륨제제[L-글루탐산나트륨(향미증진제),5'-이노신산이나트륨,5'-구아닐산이나트륨],복합스파이스M6,복합스파이스AF7,비타민C,혼합제제2(덱스트린,치자적색소,치자황색소),혼합제제3{정제수,폴리소르베이트80,향료(스모크향)},아질산나트륨(발색제),콜라겐케이싱
돼지고기,대두,밀,쇠고기 함유

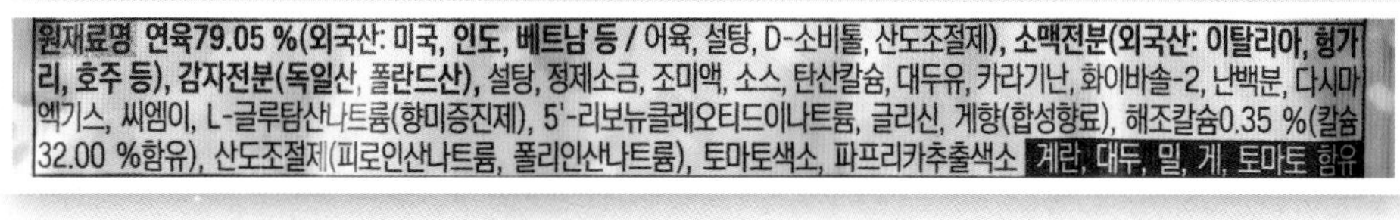

원재료명 연육79.05 %(외국산: 미국, 인도, 베트남 등 / 어육, 설탕, D-소비톨, 산도조절제), 소맥전분(외국산: 이탈리아, 헝가리, 호주 등), 감자전분(독일산, 폴란드산), 설탕, 정제소금, 조미액, 소스, 탄산칼슘, 대두유, 카라기난, 화이바솔-2, 난백분, 다시마엑기스, 씨엠이, L-글루탐산나트륨(향미증진제), 5'-리보뉴클레오티드이나트륨, 글리신, 게향(합성향료), 해조칼슘0.35 %(칼슘32.00 %함유), 산도조절제(피로인산나트륨, 폴리인산나트륨), 토마토색소, 파프리카추출색소 계란, 대두, 밀, 게, 토마토 함유

영양사맘 advice

" 일과 육아로 바쁜 요즘 엄마와 아빠. 간편식도 사용하지만 좋은 재료를 골라 직접 요리해서 먹이고 싶은 마음은 늘 지니고 있지요. 재료를 미리 손질해 냉동해두거나 시판 제품을 현명하게 활용하면 유아식 준비가 조금 가벼워져요. "

4 유아식 준비가 조금 수월해지는 방법들

재료 미리 손질해 소분하고 냉동해두기

고기류

한번 먹을 분량씩 손질해 냉동하면 해동도 쉽고 간편해요. 고기류는 먹기 하루 전날에 냉장실에 넣어 천천히 해동해야 변질되거나 상하지 않아요. 해동할 때 물이 생길 수 있으니 그릇에 올려 해동하세요. 한번 해동한 고기는 다시 냉동하지 않도록 주의하세요.

불고기
양념해서 한번 먹을 분량씩 뭉쳐 랩으로 감싼 후 지퍼백에 넣어 냉동 보관한다.

다진 고기
한번 먹을 분량씩 뭉쳐 랩으로 감싼 후 지퍼백에 넣어 냉동 보관한다.

볶음용 소·돼지고기
한입 크기로 썰어 한번 먹을 분량씩 랩으로 감싼 후 지퍼백에 넣어 냉동 보관한다.

구이용 소·돼지고기
겹쳐지지 않게 지퍼백에 펼쳐 담아 냉동 보관한다.

닭안심, 닭가슴살
한 덩이씩 랩으로 감싼 후 지퍼백에 넣어 냉동 보관한다.

채소류

대부분의 채소는 손질해서 먹기 좋은 크기로 썰어서 소량씩 담아 냉동 보관하면 해동하지 않고 바로 요리에 활용할 수 있어요. 해동하면 물이 생기고 식감이 떨어지니 주로 볶음이나 조림, 국물요리처럼 익혀 먹는 요리에 활용하세요.

감자, 당근

한입에 먹기 좋은 크기로 깍둑 썰어 냉동 보관한다.

애호박

0.5cm 두께로 썬 후 4등분해 냉동 보관한다.

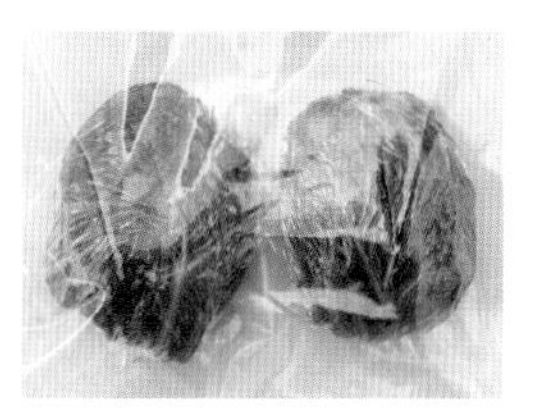

시금치, 청경채, 근대 등 잎채소

데친 후 물기를 빼고 잘게 썰어 한번 먹을 분량씩 뭉쳐서 냉동 보관한다.

버섯

잘게 다지거나 모양대로 편 썰어서 냉동 보관한다.

양파, 양배추

잘게 다지거나 한입 크기로 썰어서 냉동 보관한다.

무

4~5cm 길이로 채 썰어 냉동 보관한다.

연근

0.5~1cm 두께로 썰어 냉동 보관한다.

대파

얇게 송송 썰어 냉동 보관한다.

생선·해물류

생물로 구입했을 때 냉동 보관해두면 신선하게 먹을 수 있어요. 먹기 하루 전날 냉장실에 넣어 천천히 해동하거나 찬물에 비닐째 담가 살짝 말랑해질 때까지 20~30분간 해동한 후 조리하세요. 냉동 해산물을 해동한 후에는 다시 냉동하지 않도록 주의하세요.

생선

한번에 먹기 좋은 크기로 토막내 랩으로 감싼 후 지퍼백에 넣어 냉동 보관한다.

오징어, 주꾸미, 낙지

먹기 좋은 크기로 썬 후 지퍼백에 넣어 냉동 보관한다.

조개살

한번 먹을 분량씩 지퍼백에 넣어 냉동 보관한다.

재료 손질하기

이 책에서 사용된 재료들 중 알아두면 유용한 손질법을 사진과 함께 자세하게 소개합니다.

오징어

① 가위로 몸통의 반을 가른 후 다리가 붙은 내장을 떼어낸다.

② 내장을 잘라 없애고, 다리는 뒤집어서 꾹 눌러 입을 없앤다.

③ 다리쪽에 붙은 눈을 가위로 잘라낸 후 흐르는 물에서 훑어 빨판을 없앤다.

①

②

③

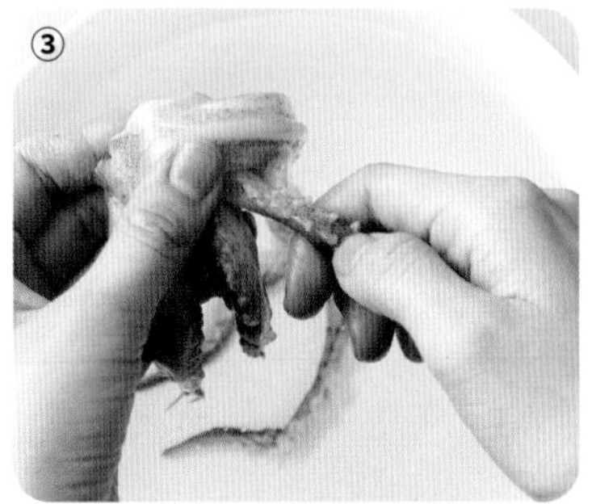

주꾸미

① 가위로 머리를 반 가른 후 내장을 떼어낸다.

② 내장을 잘라 없애고, 다리는 뒤집어 꾹 눌러 입을 없앤다.

③ 다리쪽에 붙은 눈을 가위로 잘라낸다.

④ 볼에 담고 밀가루 1~2큰술을 넣어 주물러가며 뻘을 제거한 후 물에 헹군다.

①

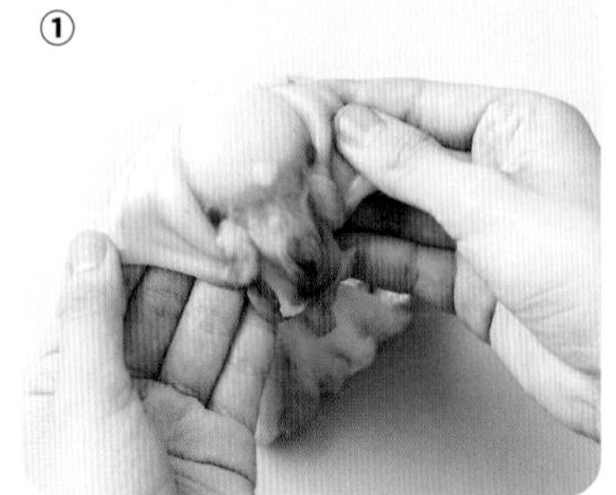

②

③

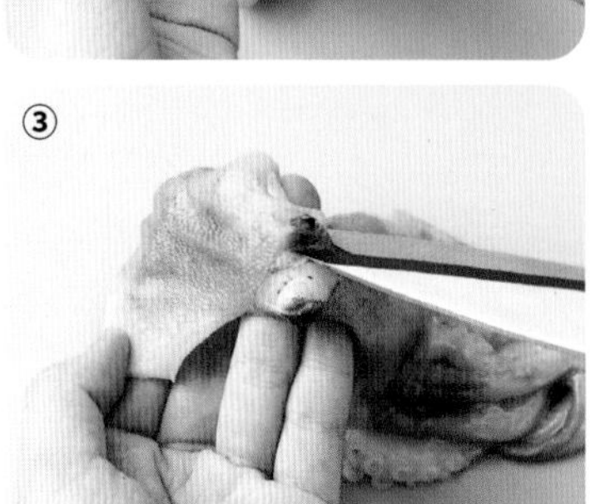

④

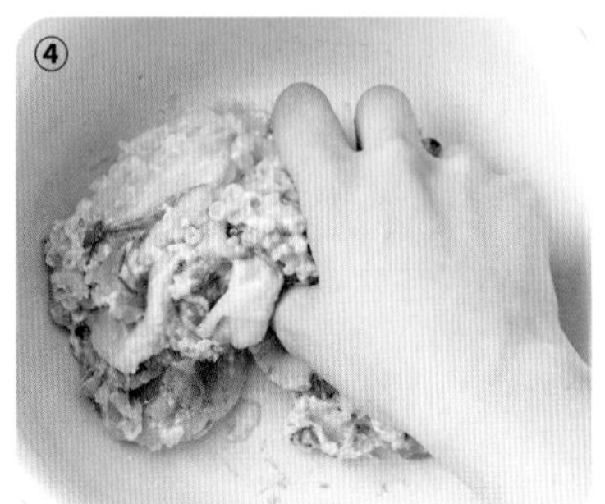

전복

① 세척용 솔로 깨끗이 씻는다.

② 숟가락으로 껍데기, 살을 분리한다.
살이 잘 떨어지지 않으니 힘주어
분리한다.

③ 내장 부분을 잘라낸다.

↳ 영양가가 풍부한 내장이지만 비린맛이
강해 유아식에서는 활용하지 않아요.

④ 내장이 붙은 반대쪽의 입 부분을
1cm 정도 자른 후 꾹 눌러 이빨을
없앤다.

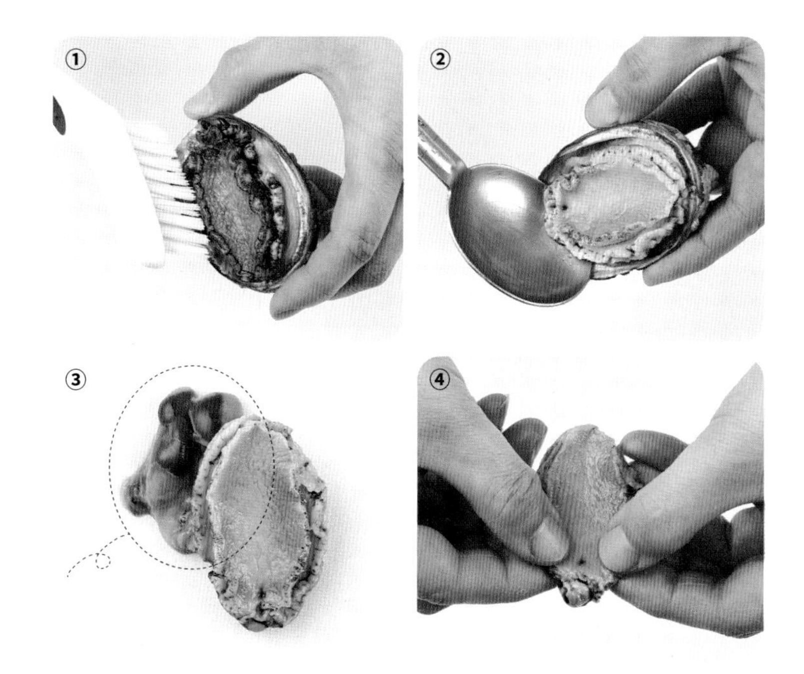

아보카도

① 까맣게 잘 익은 아보카도의
가운데 씨를 중심으로 돌려가며
칼집을 깊게 넣는다.

② 과육을 서로 반대로 돌려 벌린다.

③ 가운데 씨를 칼날로 콕 찍어
분리한다.

밑국물 미리 끓여 냉장이나 냉동 보관하기

끓인 육수는 완전히 식힌 후 보관 용기에 넣어요. 냉장실에서 2주간 보관 가능하고, 한번 먹을 분량씩 지퍼백에 담아 냉동 보관해도 됩니다.

멸치 다시마 육수

재료 국물용 멸치 5~6마리, 다시마 5×5cm 2~3장, 물 2와 1/2컵(500㎖)

① 달군 팬에 국물용 멸치를 넣어 약한 불에서 1~2분 볶아 비린내를 날린다.
② 냄비에 모든 재료를 넣어 센 불에서 끓어오르면 중약 불로 줄여 15~20분간 끓인다. 체에 밭쳐 육수만 걸러 냉장 보관한다.

채소 육수

재료 자투리 채소(무, 양파, 대파, 버섯 등) 80~130g, 물 2와 1/2컵(500㎖)

① 냄비에 모든 재료를 넣어 센 불에서 끓어오르면 중약 불로 줄어 15~20분간 끓인다. 체에 밭쳐 채수만 걸러 냉장 보관한다.

다시마물

재료 다시마 5×5cm 2~3장, 물 2와 1/2컵(500㎖)

① 볼에 물, 다시마를 넣어 30분간 우린다.

시판 육수 제품 활용법

요즘은 간편한 육수 제품이 많이 판매되고 있어요. 멸치 육수는 기본이고, 채소, 해물, 쇠고기, 닭고기 등 종료도 다양하죠. 제품을 선택할 때에는 들어가는 재료들의 종류와 첨가물 여부, 안전한 포장재인지 등을 따져서 선택하세요.

① 말린 재료를 넣은 파우치형
한 팩에 사용하는 물의 용량을 확인하고, 끓이는 시간을 지켜서 거품과 파우치를 제거해야 쓴맛이 우러나지 않아요.

② 가루형
물의 용량을 지켜 살살 흔들어가며 섞으세요. 육수의 색이 약간 탁할 수 있으니 맑은국에 사용할 때는 참고하세요.

③ 코인형
코인 1개당 물의 양을 지켜 사용하세요. 코인 녹는 시간이 5분 이상이니 완전히 녹을 수 있게 요리 시간을 분배하세요.

④ 액체형
바로 뜯어 쓰는 육수 제품은 물을 더해 희석하는 것인지, 그대로 사용하는지 확인해 사용해요. 요즘에는 아이 전용 저염 액체형 육수 제품도 나와 있어요.

시판 소스와 잼 건강하게 활용하기

아이들이 좋아하는 달콤하고 짭조름한 시판 소스와 당도가 높은 잼을 좀 더 건강하게 즐길 수 있는 방법들을 소개합니다. 식이섬유는 높이고 나트륨을 낮출 수 있는 재료를 함께 섞어 만들어주세요.

시판 토마토소스를 이용한

토마토 퓨레 소스

재료 시판 토마토 스파게티 소스 430g(1병), 잘 익은 토마토 1개

① 믹서에 토마토를 껍질째 간다.
② 냄비에 간 토마토, 토마토 스파게티 소스를 넣어 중강 불에서 5분간 끓인 후 중약 불로 줄여 수분이 날아갈 때까지 10~15분간 끓인다.

시판 오렌지잼을 이용한

당근 오렌지잼

재료 시판 오렌지잼 370g(1병), 당근 40g, 물 1과 1/3큰술(20㎖)

① 믹서에 당근, 물을 넣고 곱게 간다.
② 냄비에 간 당근, 오렌지잼을 넣고, 중강 불에서 5분간 끓인 후 중약 불로 줄여 수분이 날아갈 때까지 10~15분간 끓인다.

시판 돈가스 소스를 이용한

바나나 돈가스 소스

재료 시판 돈가스 소스 40g, 바나나 1/2개

① 바나나를 으깨서 돈가스 소스에 섞는다.

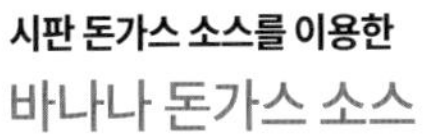

↳ 바나나가 갈변되므로 그때그때 사용할 분량만 만들어 쓰세요.

시판 딸기잼을 이용한

비트 딸기잼

재료 시판 딸기잼 370g(1병), 비트 40g, 물 1과 1/3큰술(20㎖)

① 믹서에 비트, 물을 넣고 곱게 간다.
② 냄비에 간 비트, 딸기잼을 넣고, 중강 불에서 5분간 끓인 후 중약 불로 줄여 수분이 날아갈 때까지 10~15분간 끓인다.

재료 계량하기

유아식은 재료가 소량 들어가는 경우가 많아, 오차를 줄이기 위해 대부분 재료를 무게(g)로 표기했으니 저울을 사용해 계량을 하면 보다 정확하게 요리할 수 있어요. 저울이 없다면 옆페이지의 환산표를 활용하세요. 그 외 물이나 양념 등은 계량도구로 계량을 했어요.

계량 도구로 계량하기

- 계량스푼 1큰술 = 15mℓ
- 계량스푼 1작은술 = 5mℓ
- 1컵 = 200mℓ

액체류는 찰랑찰랑할 때까지 가득 담으세요.

가루류는 가볍게 가득 담은 후 사진처럼 윗부분을 편편하게 깎아 계량하세요.

계량도구가 없을 때 계량하기

계량스푼 1큰술 = 15mℓ
밥숟가락 1큰술 = 10~12mℓ
계량스푼 1큰술 = 밥숟가락 1과 1/3큰술

계량컵 1컵 = 200mℓ
종이컵(180~200mℓ)도 거의 비슷하므로 계량컵 대신 종이컵을 사용해도 돼요.

눈대중량 이해하기

소금 1꼬집
= 1/5작은술 이하

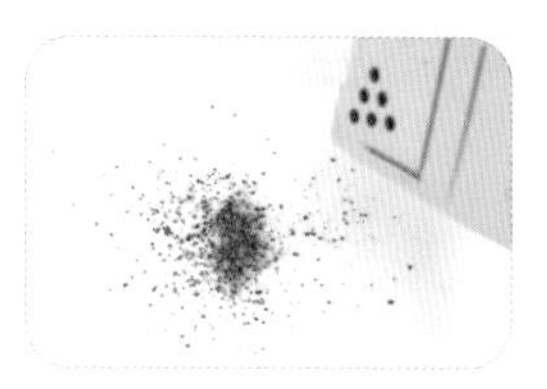

후춧가루 약간
= 가볍게 1~2회 가량 턴 분량

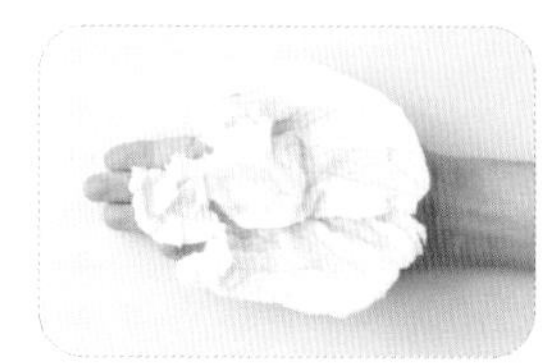

손바닥 크기
= 손 위에 올려 가득찬 크기

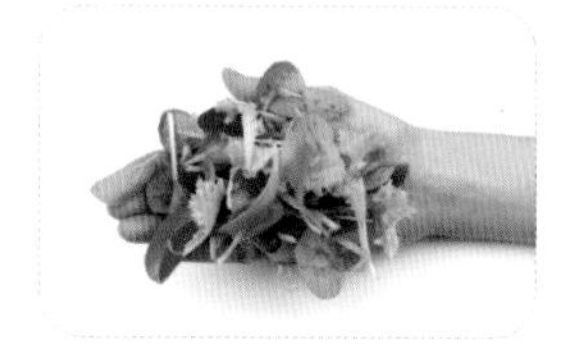

1줌
= 손으로 가볍게 집어든 것

재료별 눈대중량 & 무게 환산표

저울이 없어 눈대중으로 무게를 가늠해야할 때는 아래표를 참고하세요. 재료 크기는 너무 크거나 작지 않은 중간 사이즈를 기준으로 했고, 껍질이나 씨 등이 포함된 무게입니다. 재료 크기나 수분 함량에 따라 무게는 차이가 날 수 있다는 점을 감안해서 활용하세요.

분류	재료명	크기 기준	눈대중량	무게
열매채소	양파	중간 크기	1개	약 200g
	애호박		1개	약 270g
	오이		1개	약 200g
	가지		1개	약 150g
	파프리카		1개	약 200g
	브로콜리		1송이	약 300g
전분채소	감자	중간 크기	1개	약 200g
	고구마		1개	약 200g
	단호박		1개	약 800g
뿌리채소	당근	중간 크기	1개	약 200g
	연근		1개	약 300g
	우엉		지름 2cm 길이10cm	약 20g
	무		지름 10cm 두께 1cm	약 100g
줄기채소	마늘종	중간 크기	1줄기	약 10g
잎채소	청경채	중간 크기	1개	약 40g
	배춧잎	손바닥 크기	1장	약 30g
	양배추		1장	약 30g
	시금치	손으로 가볍게 한줌	1줌	약 50g
	쑥갓		1줌	약 50g
	근대		1줌	약 50g

분류	재료명	크기 기준	눈대중량	무게
싹채소	콩나물	손으로 가볍게 한줌	1줌	약 50g
	숙주		1줌	약 50g
버섯류	느타리버섯	손으로 가볍게 한줌	1줌	약 50g
	새송이버섯	중간 크기	1개	약 80g
	표고버섯		1개	약 25g
	팽이버섯	봉지	1봉	약 150g
토마토&과일류	토마토	중간 크기	1개	약 150g
	사과		1개	약 200g
	배		1개	약 500g
해물류	오징어	중간 크기	1마리	약 270g (손질 후 약 180g)
	주꾸미		1마리	약 80g (손질 후 약 60g)
면류	당면	손으로 가볍게 한줌	1줌	약 100g
	쌀국수		1줌	약 50g
	스파게티		1줌	약 80g
양념류	소금	손으로 살짝 집기	1꼬집	1/5작은술 이하
	후춧가루	후추통 털기	약간	후추통을 1~2번 터는 정도

식습관 교육할 때 엄마들이 가장 많이 물어봤던 질문과 답변

어린이집, 유치원에서는 잘 먹는다고 하는데, 왜 집에서는 안 먹을까요?

양육자가 없는 곳에서 잘 먹는다면 크게 걱정하지 않아도 됩니다. 가정에서는 내가 원하는 것 위주로 먹고 싶어 하는 것이 많은 아이들의 자연스러운 바람이니까요. 단체급식에서 계속 잘 먹도록 용기와 칭찬을 해주세요. 단, 반대로 집에서는 잘 먹는데 기관에서는 잘 먹지 않는다면, 급식에서 많이 제공되는 재료와 음식들과 친해질 수 있도록 집에서도 적극 활용하며 접하게 해주세요. **19쪽 참고**.

국을 꼭 먹여야 하나요?

한식은 밥, 국, 반찬의 문화라 급식에서 대부분 국이나 찌개를 주지요. 하지만 나트륨 과다 섭취의 원인으로 지목되면서 단체급식에서도 '국 없는 날'을 지정해 운영하기도 한답니다. 밥, 반찬에 영양소와 열량을 충분하게 담았다면 아이에게 국은 꼭 먹이지 않아도 됩니다. 날씨가 춥거나 몸살기가 있을 때는 따뜻한 국물이 도움이 되니 슴슴하게 끓여 주면 좋아요.

한꺼번에 다 비벼서 먹어요. 꼭 밥, 국, 반찬으로 따로 줘야 하나요?

비벼 먹거나 국에 말아 먹는 등의 식습관은 소화불량, 씹기 훈련 부족 등으로 연결될 수 있어요. 또한 재료 각각의 맛을 모르고 먹게 만들지요. 하루 한 끼 정도는 한그릇 음식으로 내어주되, 매번 섞어 먹지는 않도록 하세요.

밥을 먹을 때 중간중간 물을 너무 많이 마셔요. 괜찮을까요?

식사 도중 물을 많이 먹게 되면 배부름으로 인해 적정한 식사량을 먹지 못하고, 위산이 희석되어 소화에 어려움이 있을 수 있으니 정해진 양을 먹을 수 있도록 지도해주세요. 먼저 우리 아이가 식사 도중 왜 물은 많이 먹고 있는지 원인을 파악해보세요. 먹기 싫다는 의사 표시인지, 간이 세거나 맛이 강한 음식을 먹고 난 후 갈증인지, 씹기 싫은 음식을 쉽게 삼키기 위함인지 지켜보거나 물어보세요. 부드러운 음식을 선호하는 아이들도 물을 자주 찾습니다. 이때는 따뜻한 국이나 수분이 많은 음식을 함께 내주는 것도 방법입니다.

편식을 하는 건 아닌데 유독 입이 짧은 아이는 어떻게 해야 할까요?

아이가 먹는 양이 적으면 '입이 짧다', '뱃고래가 작다'고 이야기하는데요, 이는 하루에 소모하는 기초 대사량의 에너지가 적거나, 활동량이 워낙 적거나, 유전적인 요인이나 건강상의 문제 등에서 원인을 찾을 수 있습니다.
먼저 활동량을 늘려볼 것을 권합니다. 동작이 큰 신체 놀이, 운동 등을 늘려주세요. 두 번째는 하루 종일 무엇을 얼마큼 먹고 있는지 기록해보세요. 하루 종일 간식으로 끊임없이 먹는 등 생각보다 아이가 먹는 양이 적지 않을 수도 있어요. 세 번째는 가족이나 친구들과 함께 먹는 시간을 늘려보세요. 함께 먹는 즐거움을 알게 되면 먹는 횟수와 양도 늘어나게 됩니다.

식욕이 없고 너무 느리게 먹어요.

아이가 배고픔을 느낄 수 있게 속을 비워주세요.
식사시간을 30분 정도로 정해두고, 그 이후로 먹지 않으면
식탁의 음식은 치우세요. 약속한 식사량을 다 먹지 못했을 때는
다음 식사 때까지 물 이외에는 다른 음식은 주지 않습니다.
느리다고, 잘 먹지 않는다고 밥을 떠 먹여 주는 건 안됩니다.
숟가락을 사용할 수 있는 1세 이후부터는 식탁에 앉아서
정해진 시간에 음식을 먹는 식사 예절을 익히게 해야 합니다.
활동적인 놀이나 운동을 하여 배고픔을 느끼게 해주세요.
신선한 공기와 햇볕을 쐬게 되면 신진대사가 활발해지고
식욕이 증가하게 됩니다.

입에 음식을 물고 있거나 씹지 않아요.

평소 단단한 것을 잘 씹어 삼키는 아이가 음식을 물고 있다면
먹고 싶지 않다는 표현이거나 식사에 집중하지 않고 있다는
의미이니 그만 먹이거나 산만하게 하는 요소를 치우세요.
만약 씹고 삼키는 것을 어려워하는 것이라면 적은 양의 음식을
입에 넣어 한쪽 어금니로 5번, 혀를 움직여 음식을 다른 쪽
어금니로 옮긴 후 5번 번갈아가며 씹는 훈련을 시키세요.
음식이 잘게 부수어지면서 침과 잘 섞이게 되고, 자연스럽게
씹고 삼키는 걸 익히게 됩니다. 부드러운 식감의 음식만 찾는
아이라면, 식사는 부드러운 것 위주로 준비해 편하게 먹을 수
있도록 하고, 좋아하는 간식의 종류를 서서히 단단한 것으로
바꾸어 씹기 훈련을 해주면 좋습니다.

태블릿이나 핸드폰 영상을 보여줘야 밥을 먹어요.

식사 규칙에 꼭 필요한 항목으로 식사 시간에 태블릿이나
핸드폰 끄기를 넣어주세요. 아직 상호작용이 되지 않는
아이라도 이는 꼭 지켜줘야 합니다. 그리고 부모님의 노력이
필요합니다. 외식이라고, 바쁘다고, 내가 피곤하다고, 아이의
기분이 좋지 않다고 '어쩔 수 없어'라고 타협하거나 허용하는
부모님의 습관이 오히려 이를 악화시켜요. 식탁 위에서
부모님과 즐거운 대화, 커트러리, 음식의 색깔과 모양 등으로
우리 아이와 즐겁게 상호 작용해주면 태블릿, 핸드폰은
식사 시간에 필요 없게 될 거랍니다.

새로운 음식은 무조건 거부해요.

낯선 음식에 대한 공포감인 '푸드 네오포비아(26쪽)'가 있기
때문에 유아기에 많은 아이들에게서 자주 볼 수 있습니다.
네오포비아가 심하면 외식이나 단체급식이 어렵게 됩니다.
안 먹는다고 내어주지 않는 습관, 편하자고 매번 가던 식당만
가는 습관은 이 습관을 더욱 악화시킵니다. 같은 요리라도 아이가
좋아하는 방식으로 다르게 썰거나 담아주는 노력이 필요하며,
푸드 브릿지(27쪽)를 통해 식사뿐 아니라 식재료를 활용한 다양한
체험활동, 경험 등을 하게 하는 것도 도움이 됩니다. 기관, 단체에
보내기 전에 그곳의 식단을 먼저 확인하고 가정에서 미리 접하게
하는 것(18쪽)도 좋은 방법입니다.

신맛 등 일정 맛을 거부하는 아이는 어떻게 해야 할까요?

아이들의 미뢰는 아주 예민해서 맛에 대한 역치를 크게
느낍니다. 미세한 맛도 금방 알아차릴 수 있어요. 단맛은 힘을
주는 맛이라 본능적으로 끌리지만, 쓴맛과 신맛은 기호에 따라
좋아할 수도, 싫어할 수도 있답니다. 거부하는 맛을 계속 먹도록
강요할 수는 없어요. 좋아하는 맛을 편안한 마음으로 즐겁게
먹을 수 있도록 해주는 게 첫 번째이고, 맛 교육 차원에서 다양한
맛을 조금씩 경험할 수 있게 기회를 주는 것을 추천합니다.

고기 반찬을 안 먹어요.

고기는 단백질과 철분 등을 섭취할 수 있는 성장기에 꼭 필요한
식품입니다. 만일 두부, 달걀, 콩 등 다른 단백질 식품을 잘
먹는 아이라면, 영양적으로는 크게 문제가 되지 않으니 우선
그 식품들은 넉넉하게 먹이세요. 식감이나 풍미 때문에 고기를
먹지 않는 아이들도 있으니 늘 사용하는 부위가 아닌
다른 부위들로 요리해 아이가 잘 먹는지 체크하는 것도
필요합니다. 또한 채소가 들어간 불고기 종류는 먹지 않는데,
구이나 튀김으로 만든 고기만 먹으려고 한다면 그 형태로라도
일단 고기를 잘 먹을 수 있게 해주세요.

채소를 통 안 먹어요.

유아의 하루 채소 권장량은 약 210g입니다. 많은 아이들이 이 권장량에 미치지 못하게 채소를 섭취하고 있습니다. 그래서 아이들이 식사와 간식에서 채소를 잘 섭취할 수 있게 자주, 다양하게 주어야 해요. 채소를 먹지 않는 이유가 시각적인 것이라면 좋아하는 음식에 넣어 보이지 않게 먹이고, 맛과 후각적인 것이라면 잘 먹는 소스와 양념으로 요리해주는 방법이 있습니다. 또한 채소 육수를 적극 활용해 요리하세요. 채소의 식이섬유는 섭취하지 못하더라도 다른 영양소는 섭취할 수 있고, 채소의 향에도 익숙하게 됩니다. 하나의 채소와 친해지게 하려면 8번 이상의 노출이 필요한데요, 이때는 다양한 형태, 요리로 내어주어 우리 아이가 잘 먹을 수 있는 채소 요리를 찾아보는 노력이 필요합니다.

과일을 전혀 먹지 않아요. 주스로 줘도 되나요?

과일 주스는 생과일보다 당 함량이 높습니다. 또한 첨가물이 들어있는 제품도 많기 때문에 주의해야 합니다. 생과일을 먹기 힘들어 하는 아이라면 시판 주스보다는 생과일을 갈아서 퓨레로 만들어주거나, 바로 착즙한 수제 주스를 주세요. 단, 퓨레나 착즙주스는 과도한 당섭취로 이어질 수 있으니 소량씩 제공하세요.

흰밥만 먹으려고 하고 잡곡밥을 안 먹어요.

어린이집, 유치원에서는 쌀밥을 기본으로 하여 1가지 잡곡을 섞어 제공하고 있습니다. 처음 잡곡을 사용할 때는 튀지 않는 색, 적은 양의 잡곡을 사용할 것을 추천합니다. 하얀색 찹쌀, 노란색 조, 붉은색 수수, 보라색 흑미 순서로 사용해보세요.

현미밥 먹여도 되나요?

네. 현미는 식이섬유와 비타민 등이 풍부하여 유아에게 제공해도 좋습니다. 하지만 5시간 이상 충분히 불려 사용해야 하고, 백미와 현미의 비율을 약 10 : 1 정도로 섞어서 주어야 소화와 흡수에 문제가 없습니다.

과자, 사탕 등 군것질거리만 먹으려고 해요.

과자, 사탕 등은 간식이 아니라 군것질거리입니다. 간식과는 아주 다른 개념이지요. 간식은 식사에서 보충하지 못하는 열량과 영양소를 보충하는 개념으로 식사와 식사 사이에 주는 것입니다. 아이에게 '과자와 군것질거리만 먹게 되면 식사와 간식을 적게 먹게 되고, 그렇게 되면 우리 몸이 필요한 힘과 영양이 부족하다'는 것을 꼭 이야기해주세요. 아이들은 생각보다 잘 이해한답니다. 과자 등의 군것질거리를 먹고 난 후에는 꼭 양치할 것을 약속하고, 지킬 수 있도록 지도하세요. 집에 미리 사두지 않기, 봉지째 주지 않고 통에 담아 주기는 이미 알고 있지만 왜 이렇게 잘 지켜지지 않을까요? 과자, 사탕, 젤리, 음료 등을 선택할 때는 표시사항을 꼭 확인해 첨가물, 당, 나트륨 함량이 가장 적은 것을 고르세요.

젤리, 사탕, 초콜릿은 언제부터 먹여도 되나요?

젤리, 사탕, 초콜릿 등은 군것질거리이며 열량과 당의 함량이 높고 각종 첨가물에 노출될 수 있습니다. '몇 개월부터 먹이세요'라는 기준은 없지만, 식품 알러지의 위험이 없고, 식사에서 간을 하기 시작하는 때부터라고 이야기하고 있습니다. 혹은 대화로 약속 이행이 되는 시기에 시작하면 종류와 양을 조절할 수 있어요.

간이 센 음식만 먹으려고 해요.

간이 센 음식만 먹는 아이들의 식단을 하루 아침에 저염이나 무염으로 바꾸게 되면, 아이들은 식사량이 줄어들고 간식이나 군것질거리로 보상하려는 심리가 생깁니다. 간을 슴슴하게 맞추고 마지막에 참기름, 들기름 등을 넣어 풍미를 더해주세요. 또는 조금 번거롭지만 요리할 때 양념을 천연 조미료로 바꿔보세요. 새우가루, 표고가루, 멸치가루, 다시마 등이 있습니다. 외식이 잦거나 간이 센 음식을 많이 섭취한 날에는 칼륨이 풍부한 음식을 간식으로 제공해 섭취한 나트륨을 배출할 수 있게 해주세요. 칼륨이 풍부한 음식에는 감자, 시금치, 바나나, 요거트 등이 있습니다. 된장국, 짜장, 카레를 끓일 때는 감자나 연근 등 칼륨이 풍부한 채소를 듬뿍 넣어 끓이면 나트륨의 배출을 돕습니다. **68, 88, 240, 242쪽 레시피 참고.**

매운맛과 조금씩 친해지게 하는 방법을 알고 싶어요.

매운맛은 통각입니다. 아픈 감각은 친해지기가 어렵죠.
매울 것 같다는 고정관념으로 빨간색이면 아예 먹어볼 시도조차 하지 않는 아이들도 많답니다. 가정에서 빨갛지만 맵지 않은 배 깍두기, 토마토 김치, 토마토소스 떡볶이 등을 내어주어 빨간색에 친근감을 주는 것을 시작해본다면 어린이집, 유치원에서 제공되는 어린이용 김치나 안 매운 육개장까지 먹어볼 수 있는 용기를 갖게 될 거랍니다.

소아비만 예방법을 알려주세요.

소아비만의 원인에는 유전적인 요인, 내분비계 질환, 운동 부족, 과다한 음식 섭취가 있습니다. 4세에서 11세 사이에 시작된 소아비만의 대부분이 성인비만으로 이어지고 고도비만까지 진행되는 경우가 많습니다. 고지혈증, 지방간 같은 성인병이 조기에 생길 수 있으므로 주의해야 합니다. 과잉 섭취하고 있는 잘못된 식사량의 조절과 식습관을 고치는 것이 중요하니 반드시 가족 모두가 참여하여 도와주어야 해요.

- 성장에 필요한 단백질은 충분히 섭취하게 해주세요.
- 탄수화물과 지방은 제한하세요.
- 채소, 과일, 지방이 적은 고기나 생선 등을 주로 섭취하게 해주세요.
- 식사는 30분 이상에 걸쳐 천천히 먹을 수 있게 해주세요.
- 점심 폭식을 막기 위해 아침은 꼭 챙겨주세요.
- 식사, 간식은 정해진 자리에서 먹을 수 있게 하세요.
- 간식이나 남은 음식은 눈에 잘 띄지 않는 곳에 보관하세요.
- 활동적인 놀이, 걷기, 운동을 규칙적으로 할 수 있게 계획해주세요.

젓가락질을 안 하려고 해요.

젓가락질을 하기 위해서는 소근육의 발달, 눈과 손의 협응력이 필요합니다. 아이가 관심을 가진다면 보조장치가 있는 젓가락을 제공하여 한번 정도 사용할 기회를 주는 것은 좋습니다. 하지만 음식을 집기가 어려워 성취감을 느끼기가 어렵다면 손가락을 잘 사용할 수 있는 때에 시작하는 것을 권합니다.

알러지가 많이 일어나는 재료들 대체 방법 알려주세요.

알러지 반응이 있는 식품은 식단에서 제외하고, 외식이나 기관단체에서도 항목을 알려 대체 음식으로 제공받을 수 있게 해야 합니다. 가공식품은 포장지의 표시사항에 알러지 유발물질이 있는지 확인하고 섭취하지 않도록 주의하세요.

- **달걀** 동물성 단백질 식품으로 대체하세요.
- **유제품** 두유나 아몬드유 등으로 대체하세요.
- **해산물, 갑각류** 쇠고기, 돼지고기, 닭고기, 달걀 등 다른 단백질 식품으로 대체하세요.
- **밀가루** 쌀가루나 다른 곡류의 가루로 대체하세요.
- **견과류** 견과류는 단백질과 지방이 풍부하므로 이들 영양소가 풍부한 콩, 통깨, 아보카도, 두부 등으로 대체하세요.

식판에서 일반 식기로 언제 바꾸면 좋나요?

식판은 우리 아이가 처음으로 기관, 단체에 갔을 때 사용하게 되는 도구이며, 먹을 종류와 양을 한눈에 알 수 있기 때문에 사용을 권하고 있습니다. 하지만 다양한 음식을 준비하다 보면 식판이 아니라 접시, 볼 등 여러 형태의 식기를 사용하게 되지요. 꼭 식판을 사용해야 한다는 고정관념보다는 식판에 익숙할 수 있게 연습시킨다는 목적으로 사용하세요.
일반 식기류는 아이가 스스로 음식의 종류와 양을 선택할 수 있게 될 때 바꾸어주면 좋습니다.

■ **참고 자료**

- 2020 한국인 영양소 섭취기준(보건복지부, 한국영양학회, 2020년)
- 아동영양학(오경숙 외, 2015년)
- 어린이급식관리지원센터 식단 운영·관리 지침(중앙급식관리지원센터, 2021)
- 유아기 연령별 레시피 가이드(어린이급식관리지원센터 중앙센터, 2021년)
- 어린이 급식관리지침서(식품의약품안전처, 2017)
- 영·유아 단체급식 가이드라인 1인 1회 적정 배식량(식품의약품안전청, 2013)
- 유치원 급식 운영관리 매뉴얼(서울특별시학교보건진흥원, 2012)
- 유치원 급간식 운영관리 지침서(교육부, 2017)
- 푸드네오포비아 관련 연구 - European Journal of Clinical Nutrition ; Feb 2003 ; Vol. 57 (2)
- Modifying children's food preferences : the effects of exposure and reward on acceptance of an unfamiliar vegetable ; 어린이 식품 선호도 수정 ; 낯선 채소의 수용에 대한 노출과 보상

chapter 1

밥

한국인이라면 밥심으로 살지요.
밥으로부터 시작되는 한식은 여러 반찬과 곁들여 먹잖아요.
우리 아이들도 따뜻한 온기가 담긴 밥을 지어주세요.
숟가락으로 밥을 뜨고 젓가락으로 반찬을 집고
밥 잘 먹는 우리 아이들이 세상에서
제일 예쁘지요.

아이가 먹기 딱 좋은 식감이 되게 만든 기본 밥

백미밥 & 현미밥

Tip

* 아이들은 소화력이 약해 잡곡을 과다하게 섞기보다 5~10% 정도만 더하는게 좋아요.

재료 3인분 / 조리시간 15분
+
쌀 불리기 30분~5시간

백미밥
- ☐ 백미 180g
- ☐ 물 210mℓ(210g)

현미밥
- ☐ 백미 165g
- ☐ 현미 15g
- ☐ 물 220mℓ(210g)

백미밥

1 볼에 백미를 담고 물을 부어 주물러가며 씻는다. 3번 정도 물을 갈아주며 씻은 후 쌀을 물에 담가 30분간 불린다.

2 불린 쌀은 체에 밭쳐 물기를 뺀다.

3 밥솥에 쌀과 물을 넣어 밥을 짓는다.
↳ 고압모드가 아닌 일반 모드로 지으세요.

현미밥

1 볼에 현미를 담고 물을 부어 주물러가며 씻는다. 물을 갈아주며 3번 정도 씻은 후 쌀을 물에 담가 5시간 정도 불린다. 백미도 동일하게 씻은 후 30분간 불린다.

2 불린 현미, 백미는 체에 밭쳐 물기를 뺀다.

3 밥솥에 쌀과 물을 넣어 밥을 짓는다.
↳ 고압 모드가 아닌 일반 모드로 지으세요.

채소와 친해지게 하는 세 가지 밥

콩나물밥 & 무밥 & 당근밥

재료 2~3인분 / 조리시간 15분
+
쌀 불리기 30분

콩나물밥
- ☐ 콩나물 50g
- ☐ 백미 160g
- ☐ 물 1컵(200㎖)

무밥
- ☐ 무 50g
- ☐ 백미 160g
- ☐ 물 1컵(200㎖)

당근밥
- ☐ 당근 50g
- ☐ 백미 160g
- ☐ 물 1컵(200㎖)

1 콩나물은 긴 꼬리를 제거한다. 손질한 콩나물, 무, 당근은 3cm 길이로 채 썬다.

2 볼에 쌀을 담고 물을 부어 주물러가며 씻는다. 3번 정도 물을 갈아주며 씻은 후 쌀을 물에 담가 30분간 불린다.

Tip

* 채소와 함께 밥을 지으면 채소의 식감이 부드러워져 아이들도 잘 먹는답니다. 다만 처음부터 너무 많은 양을 넣는 것보다 조금씩 양을 늘려가는 것이 좋아요.
* 밥에 채소를 넣을 경우에는 채소에서 물이 나오므로 물의 양을 줄여주세요.

3 불린 쌀은 체에 밭쳐 물기를 뺀다.

4 밥솥에 쌀과 물을 넣고 콩나물, 무, 당근을 각각 올려 밥을 짓는다.
↳ 고압 모드가 아닌 일반 모드로 지으세요.

색감도, 영양도 풍부하게 담은

단호박 영양밥

재료 2~3인분 / 조리시간 15분

+

강낭콩 불리기 6시간

- □ 단호박 60g (또는 고구마)
- □ 강낭콩 15g (또는 검은콩)
- □ 흑미 10g (또는 백미)
- □ 백미 150g
- □ 물 1컵(200㎖)

1 볼에 강낭콩을 넣고 찬물을 부어 6시간 이상 냉장고에 넣어 불린다.

2 단호박은 껍질과 씨부분을 제거하고 2.5cm 크기로 깍둑 썬다.

3 볼에 백미, 흑미를 담고 물을 부어 주물러가며 씻는다. 3번 정도 물을 갈아주며 씻은 후 쌀을 물에 담가 30분간 불린다 .

4 불린 쌀은 체에 밭쳐 물기를 뺀다.

5 밥솥에 쌀과 물을 넣고 강낭콩, 단호박을 올려 밥을 짓는다.

↳ 고압 모드가 아닌 일반 모드로 지으세요.

Tip

* 흑미에는 안토시아닌 성분이 들어있어 면역 기능 강화에 도움을 주고 아토피 등과 같은 알레르기 질환 예방에도 효과적이에요.

한끼의 영양을 충분히 채워주는

쇠고기 버섯 솥밥

물김치

만들기 200쪽

재료 3인분 / 조리시간 40분

- ☐ 쇠고기 90g
- ☐ 표고버섯 1개
- ☐ 팽이버섯 20g
- ☐ 당근 10g
- ☐ 백미 160g(불린 것)
- ☐ 육수 1컵(200㎖)

↳ 육수 만들기 38쪽

양념

- ☐ 양조간장 1/2작은술
- ☐ 올리고당 1작은술
- ☐ 참기름 1작은술
- ☐ 다진 마늘 1/2작은술(생략 가능)
- ☐ 후춧가루 약간

1 쇠고기는 키친타월에 올려 핏물을 제거하고, 볼에 양념 재료를 모두 넣어 골고루 섞는다.

↳ 쌀부터 씻어서 불리세요.
48쪽 과정 ①번 참고.

2 당근, 표고버섯은 채 썰고, 팽이버섯은 3cm 길이로 썬다.

3 달군 팬에 쇠고기, 양념을 넣어 중간 불에서 3분간 볶은 후 체에 밭쳐 남은 양념을 제거한다.

4 냄비에 불린 쌀, 육수를 붓고 버섯, 당근을 올린 후 뚜껑을 덮고 센 불에서 5분간 끓인다. 중간 불로 줄여 10분간 더 끓인다.

5 불을 끄고 볶아둔 쇠고기를 넣고 10분간 뜸을 들인다.

Tip

* 육류, 생선 등의 단백질 재료를 함께 넣어 솥밥을 만들면 한그릇 요리로 영양을 채울 수 있고 맛도 풍부해져요.
* 쇠고기 솥밥을 만들 때 쇠고기를 먼저 볶아서 넣으면 쇠고기 불순물로 인해 밥 색깔이 탁해지지 않고 더 깔끔한 맛이 납니다.

chapter 2

국, 탕, 찌개

아이들 중에도 국 없이 못 사는 국물 러버들 있지요?
국을 매일 매끼 줄 필요는 없어요.
국물은 날이 추울 때 몸을 따뜻하게 해주고 다양한 영양소도 부드럽게
먹을 수 있지요. 우리 아이는 어떤 국을 좋아하나요?

비타민 C가 풍부하고 아삭한 식감도 재밌는

콩나물국

⊕ 응용

김치 콩나물국

안 매운 배추김치(1큰술, 만들기 202쪽)를 잘게 다져
콩나물과 함께 넣고 끓이면 김치 콩나물국이 되어요.
김치의 간이 더해지니
맛을 보고 소금 양을 줄이세요.

재료 2~3인분 / 조리시간 20분

- □ 콩나물 60g
- □ 양파 10g
- □ 육수 2컵(400㎖)
  ↳ 육수 만들기 38쪽
- □ 다진 마늘 1/2작은술
- □ 대파 1~2cm
- □ 소금 1꼬집

1 콩나물은 긴 꼬리를 제거한 후 2~3cm 길이로 썬다.

2 양파는 사방 0.5cm 크기로 다지고, 대파는 얇게 어슷 썬다.

3 냄비에 육수를 붓고 중간 불에서 끓어오르면 양파, 콩나물을 넣고 3~4분간 끓인다. 다진 마늘, 대파, 소금을 넣어 2~3분간 더 끓인다.

Tip

* 국의 간을 볼 때에는 한김 식힌 후 맛을 봐야 정확해요. 뜨거운 상태에서는 혀가 둔감해서 간을 맞추기 어려워요.

식단에 단백질이 부족할 때 빠르게 끓이는

달걀 부춧국

⊕ 응용

달걀 시금치국

부추 대신 시금치(10g)를 잘게 썰어 넣어보세요.
달걀은 완전식품으로 영양이 풍부한 재료이지만 비타민 C와
식이섬유가 부족하죠. 이런 점을 보완할 수 있는 부추나 시금치 등을
넣어 요리하면 영양이 한층 더 풍부해진답니다.

재료 1~2인분 / 조리시간 15분

- ☐ 달걀 1개
- ☐ 부추 5g
- ☐ 육수 1과 1/2컵(300㎖)
  → 육수 만들기 38쪽
- ☐ 다진 마늘 1/2작은술
- ☐ 참기름 1/2작은술
- ☐ 소금 1꼬집

1 부추는 2cm 길이로 썬다.
볼에 달걀을 넣어 푼다.

2 냄비에 육수를 넣고 중간 불에서
끓어오르면 달걀을 한바퀴 돌려
부어 넣고 다진 마늘을 넣어
중간 불에서 3~4분간 끓인다.

3 불을 끄고 참기름을 넣는다.
소금으로 슴슴하게 간을 맞춘다.

Tip

* 달걀을 미리 풀어두고 육수가 끓을 때
넣어야 달걀이 뭉쳐지지 않고
부드러운 달걀국이 됩니다.

고소해서 아이들이 더 잘먹는

들깨 무국

➊ 응용

들깨 배춧국

들깨랑 배추도 참 잘 어울리는 재료랍니다.
무 대신 배춧잎(1~2장)을 한입 크기로
썰어 넣으세요. 배추의 단맛이 우러나와
아이들이 좋아해요.

재료 2~3인분 / 조리시간 20분

- □ 무 80g
- □ 양파 20g
- □ 육수 2컵(400㎖)

↳ 육수 만들기 38쪽

- □ 다진 마늘 1/2작은술
- □ 들깻가루 2큰술
- □ 참치액 1작은술 (또는 멸치액젓)

1 무는 3cm 길이로 채 썰고, 양파는 사방 0.5cm 크기로 다진다.

2 냄비에 육수를 붓고 중간 불에서 끓어오르면 무, 양파를 넣고 4~5분간 끓인다.

3 무가 익으면 다진 마늘, 들깻가루, 참치액을 넣고 3~4분간 더 끓인다.

Tip

* 들깻가루는 '일반 들깻가루'와 껍질을 벗긴 '거피 들깻가루' 두 가지 모두 가능합니다.
* 들깻가루, 콩가루 등 고소한 맛을 내는 양념을 넣으면 소금을 많이 넣지 않아도 아이들이 잘 먹어요. 고소한 맛이 아이들에게 짠맛보다 더 흥미로울 수 있답니다.

고소한 맛과 식물성 단백질이 풍부한

콩가루 배춧국

재료 2~3인분 / 조리시간 20분

- □ 배춧잎 2장(60g)
- □ 양파 20g
- □ 육수 2컵(400㎖)
  ↳ 육수 만들기 38쪽
- □ 다진 마늘 1작은술
- □ 대파 1~2cm
- □ 콩가루 2작은술
- □ 소금 1꼬집

1 배춧잎은 사방 2.5cm 크기로 썰고, 양파는 잘게 다진다. 대파는 얇게 송송 썬다.

2 냄비에 육수를 붓고 중강 불에서 끓어오르면 배춧잎, 양파를 넣어 3~5분간 끓인다.

3 다진 마늘, 대파, 콩가루, 소금을 넣어 중간 불로 줄여 2~3분간 더 끓인다.

Tip

* 콩가루는 '볶음 콩가루'와 '날콩가루'가 있어요. 두 가지 콩가루 모두 맛이 좋아요. 볶은 콩가루는 간혹 당분이 섞여있는 경우가 있으니 원재료명을 확인하고 콩가루 100%로 구입하세요.
* 콩가루, 들깻가루 등 고소한 맛을 내는 양념을 넣으면 소금을 많이 넣지 않아도 아이들이 잘 먹어요. 고소한 맛이 아이들에게 짠맛보다 더 흥미로울 수 있답니다.

건새우의 감칠맛이 국을 더 맛있게 해주는

건새우 근대국

응용

건새우 아욱국

아욱과 근대는 비슷한 엽채류라
헷갈리시는 분들이 많은데요,
아욱은 근대보다 풋내가 더 나서
소금물에 한번 데쳐서 국을 끓이면
풋내가 줄어들어요.
끓는 물에 아욱을 넣어 데친 후
찬물에 헹궈 물기를 꼭 짜요.
한입 크기로 썬 후 과정 ③에
근대 대신 넣어 끓이세요.

재료 2~3인분 / 조리시간 20분

- ☐ 근대 50g
- ☐ 건새우 2작은술
- ☐ 양파 20g
- ☐ 물 2컵(400㎖)
- ☐ 다시마 5×5cm 2장
- ☐ 다진 마늘 1작은술
- ☐ 소금 1꼬집

1 근대는 2cm 폭으로 썰고, 양파는 잘게 다진다.

2 냄비에 물을 붓고 건새우, 양파, 다시마를 넣어 중간 불에서 3~4분간 끓인다.

3 근대, 다진 마늘, 소금을 넣고 4~5분간 더 끓인다.

Tip

* 근대는 대가 큽니다. 그만큼 식이섬유가 풍부하지요. 아이가 식감에 예민하다면 근대의 밑둥을 잘라내고 잎만 사용해보세요.
* 아이가 어리다면 건새우를 잘게 다져서 넣거나 밥새우로 대체해도 좋아요.
* 건새우도 약간 짠맛이 있어 국을 완성한 후 한김 식혀 간을 보고 소금을 추가해도 좋아요.
* 된장(1/2작은술)을 넣으면 근대 된장국으로 응용할 수 있어요.

건강한 식습관을 생각해 저염으로 끓인

애호박 된장국

⊕ 응용

열무 된장국

열무(데친 열무 50g)를 먹기 좋게 썰어
끓는 물에 3분 정도 데쳐 물기를 꼭 짠 후
된장(1과 1/2작은술)에 조물조물 무쳐요.
육수에 넣어 5분 정도 끓이면 됩니다.
열무를 된장에 미리 버무려두면 열무에
간이 배어 더 맛있어요.

재료 2~3인분 / 조리시간 15분

- 애호박 약 1/3개(90g)
- 양파 20g
- 육수 2컵(400mℓ)
  ↳ 육수 만들기 38쪽
- 된장 1과 1/2작은술
- 다진 마늘 1작은술
- 대파 1~2cm

1 애호박은 0.5cm 두께로 썰어 2등분하고, 양파는 사방 1cm 크기로 썬다. 대파는 얇게 송송 썬다.

2 냄비에 육수를 붓고 중간 불에서 끓어오르면 된장을 넣어 푼다.

3 애호박, 양파를 넣고 중간 불에서 4~5분간 끓인다.

4 채소가 다 익으면 다진 마늘, 대파를 넣어 1~2분간 더 끓인다.

Tip

* 봄에는 애호박이나 열무 대신 봄동(4~5장)을 먹기 좋은 크기로 썰어 넣고 끓여도 좋아요.
* 된장은 영양소가 풍부한 식재료입니다. 발효식품이라 장내 유익균도 늘려주죠.

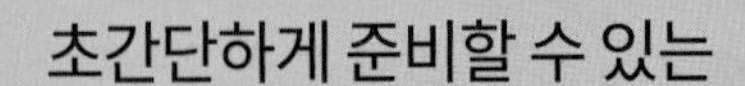

초간단하게 준비할 수 있는

팽이버섯 미소국

응용

유부 미소국

팽이버섯 대신 유부를 준비해요.
끓는 물에 넣어 30초간 데친 후 물기를 빼고
작게 썰어 미소국에 넣으면 유부 미소국이
되어요. 두부랑은 다르게 씹는 맛도 있어
재밌는 미소국이 되지요.

재료 1~2인분 / 조리시간 15분

- 팽이버섯 작은 것 1/2팩(80g)
- 양파 20g
- 육수 1과 1/2컵(300mℓ)
  ↳ 육수 만들기 38쪽
- 미소 된장 1과 1/2작은술
- 다진 마늘 1/2작은술

1 팽이버섯은 밑둥을 잘라내고 2cm 길이로 썰고, 양파는 굵게 다진다.

2 냄비에 육수를 붓고 중간 불에서 끓어오르면 미소 된장을 푼 후 1분간 끓인다.

3 양파, 팽이버섯을 넣고 중약 불로 줄여 2~3분간 끓인 후 다진 마늘을 넣고 2~3분간 더 끓인다.

* 일본의 된장인 '미소'는 콩과 누룩(곡물로 만든 발효제)을 섞어 만들어 한식 된장보다는 향이 덜하고 부드러운 맛을 냅니다. 단맛도 살짝 있어 아이들이 잘 먹어요.
* 미소 된장은 제품에 따라 유전자 변형 대두를 사용한 것이 있으니 표기사항을 반드시 확인하세요.

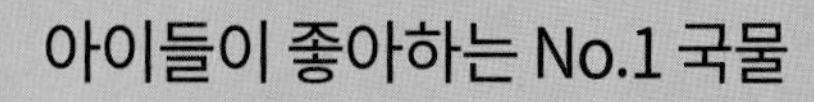

바지락 미역국

⊕ 응용

두부 미역국

미역국에 두부를 넣어 보세요.
두부는 단백질과 칼슘이 풍부하고
소화 흡수율도 높습니다.
바지락 대신 두부(1/2모, 120g)를
한입 크기로 썰어 과정 ⑤에서
다진 마늘과 함께 넣어 끓여요.

재료 2~3인분 / 조리시간 30분
+
미역 불리기 15분

- ☐ 마른 미역 5g
- ☐ 바지락살 50g
- ☐ 양파 1/2개
- ☐ 물 4컵(800mℓ)
- ☐ 다진 마늘 1작은술
- ☐ 소금 1꼬집
- ☐ 올리브유 1작은술

1 볼에 마른 미역과 물을 넣어 15분간 불린다. 양파는 반으로 썬다.

2 바지락살은 체에 밭쳐 흐르는 물에 살살 흔들어가며 씻은 후 물기를 뺀다.

3 달군 냄비에 올리브유를 두르고 불린 미역을 넣어 약한 불에서 1분간 볶는다.

4 바지락살, 물(4컵), 양파를 넣어 중간 불에서 7~8분간 끓인다.

5 다진 마늘을 넣고 5분간 더 끓인 후 양파는 건져낸다. 기호에 따라 소금으로 슴슴하게 간을 맞춘다.

Tip

* 바지락 자체에 소금기가 있어 간을 따로 안해도 됩니다. 아이들에게는 바지락 껍질이 위험할 수 있으니 손질된 바지락 살을 사용할 것을 추천해요.
* 미역국에 양파를 넣으면 국물에 양파의 달큰한 맛을 더하고 미역의 물비린내를 제거합니다. 또한 채소의 수용성 식이섬유도 챙길 수 있습니다. 바지락이 들어간 국은 양조간장보다는 소금으로 간하는 것이 더 깔끔한 맛을 낸답니다.

속을 편안하게 해줄 담백한 맛

맑은 순두부국

⊕ 응용

해물 순두부국

새우나 오징어, 바지락 등을
한입 크기로 썰어 넣어 더욱 풍성하게
만들어보세요. 과정 ③에 순두부와 함께 넣고
끓는 시간을 5분으로 늘려요.
해물은 소금기가 있으니 소금은
덜 넣는 게 좋아요.

재료 2~3인분 / 조리시간 20분

- ☐ 순두부 작은 것 약 1/2개(100g)
- ☐ 애호박 20g
- ☐ 양파 20g
- ☐ 당근 10g
- ☐ 육수 2컵(400mℓ)
  ↳ 육수 만들기 38쪽
- ☐ 다진 마늘 1작은술
- ☐ 대파 1~2cm
- ☐ 소금 1꼬집

1 애호박, 양파, 당근은 사방 1cm 크기로 썬다. 대파는 얇게 송송 썬다.

2 냄비에 육수를 붓고 중약 불에서 끓어오르면 애호박, 양파, 당근을 넣어 3~4분간 끓인다.

3 순두부, 다진 마늘, 대파를 넣고 2~3분간 더 끓인다. 소금으로 슴슴하게 간을 맞춘다.

Tip

* 채소를 어떻게 자르느냐에 따라 식감이 다릅니다. 아이들에게 다양한 모양으로 채소를 썰어 새로운 식감으로 음식을 먹는 재미를 더해 보세요.
  특히 쿠키 틀을 이용해 모양을 내면 아이들이 더욱 흥미로워할 거예요.
* 오메가3가 풍부한 들깻가루(2작은술)를 마지막에 추가해 끓이면 고소한 순두부국이 됩니다.

후루룩 당면 먹는 재미가 가득한

쇠고기 당면국

Tip

* 무가 들어간 국은 끓이는 시간이 오래 걸리니 육수를 넉넉히 준비하세요. 끓이면서 국물이 부족하면 육수를 좀 더 추가하세요.

재료 2~3인분 / 조리시간 20분
+
당면 불리기 30분

- □ 쇠고기 양지 40g
- □ 당면 30g
- □ 무 50g
- □ 양파 20g
- □ 참기름 1/2작은술
- □ 육수 2와 1/2컵(500mℓ)
  ↳ 육수 만들기 38쪽
- □ 양조간장 1작은술
- □ 다진 마늘 1작은술
- □ 소금 1꼬집

1 당면을 물에 담가 30분 이상 불린다.

2 불린 당면은 먹기 좋은 크기로 2~3등분한다.

3 무는 사방 1.5cm, 두께 0.5cm 크기로 썬다. 양파와 굵게 다진다.

4 쇠고기는 사방 1cm 크기로 썰고 키친타월에 올려 핏물을 제거한다.

5 달군 냄비에 참기름을 두르고 쇠고기를 넣어 중약 불에서 1~2분간 볶는다.

6 육수, 양조간장, 무, 양파를 넣고 중간 불에서 끓어오르면 5~6분간 끓인다. 다진 마늘, 당면을 넣고 3~4분간 더 끓인다.
소금으로 슴슴하게 간을 맞춘다.

고기, 채소를 넉넉히 넣어 더 든든한

쇠고기탕국

재료 2~3인분 / 조리시간 30분

- ☐ 쇠고기 양지 60g
- ☐ 두부 약 1/4모(80g)
- ☐ 양파 20g
- ☐ 무 80g
- ☐ 물 2와 1/2컵(500㎖)
- ☐ 다시마 5×5cm 2장
- ☐ 다진 마늘 1작은술
- ☐ 대파 1~2cm
- ☐ 양조간장 1작은술
- ☐ 참기름 1/2작은술 + 1/2작은술

1 무는 사방 2cm 크기로 썰고, 양파는 굵게 다진다. 대파는 얇게 송송 썬다.

2 쇠고기는 사방 1cm 크기로 썰고 키친타월에 올려 핏물을 제거한다. 두부는 사방 2cm 크기로 썬다.

3 달군 냄비에 참기름(1/2작은술)을 두르고 쇠고기를 넣어 중약 불에서 1~2분간 볶는다.

4 물(2와 1/2컵)을 붓고 무, 양파, 다시마를 넣어 중간 불에서 끓어오르면 10~12분간 끓인다.

5 다진 마늘, 대파, 양조간장을 넣고 4~5분간 더 끓인 후 불을 끈다. 다시마를 건져내고 참기름(1/2작은술)을 넣는다.

Tip

* '탕'은 건더기가 많고 국물이 적은 국물요리를 뜻해요. 탕을 식단에 넣을 때는 반찬을 조금 줄여도 돼요.

몸이 든든해지는 영양 가득 국물요리

버섯 닭곰탕

⊕ 응용

버섯 육개장

닭안심 대신에 쇠고기 양지(40g)로 대체하면 육개장이 됩니다. 데친 고사리가 있다면 같이 넣어도 좋아요. 데친 고사리를 넣는다면 잘게 썰고 물을 1/2컵 더 넣어 충분히 끓여야 질기지 않아요.

Tip

* 숙주(20g)를 넣어 아삭한 식감을 더해보세요. 과정 ⑤에서 버섯과 함께 넣어 끓이면 됩니다.

재료 2~3인분 / 조리시간 30분

- ☐ 닭안심 2개
- ☐ 양파 20g
- ☐ 새송이버섯 1/2개
- ☐ 느타리버섯 30g
- ☐ 물 2컵(400㎖)
- ☐ 다진 마늘 1작은술
- ☐ 대파 1~2cm
- ☐ 소금 1꼬집

1 양파, 새송이버섯은 사방 1cm 크기로 썬다. 느타리버섯은 2등분해 결대로 찢는다. 대파는 얇게 송송 썬다.

2 닭안심은 힘줄을 제거한다.

3 냄비에 물(2컵), 닭안심을 넣어 중간 불에서 5분간 끓인다. 끓이면서 생기는 거품은 걷어낸다.

4 닭안심만 건져낸 후 한김 식혀 결대로 찢는다.

5 ③의 냄비에 양파, 버섯, 닭안심을 넣어 중약 불에서 4~5분간 끓인다.

6 다진 마늘, 대파, 소금을 넣어 2분간 더 끓인다.

냉동 생선살로 간편하게!

맑은 동태탕

응용

맑은 대구탕

동태 대신에 대구살을 넣어서 끓이면
시원한 대구탕이 됩니다.

재료 2~3인분 / 조리시간 20분

- □ 동태 80g
- □ 무 40g
- □ 미나리 5g
- □ 양파 20g
- □ 물 2컵(400mℓ)
- □ 다진 마늘 1/2작은술
- □ 대파 1~2cm
- □ 소금 1꼬집

1 무는 사방 2cm 크기로 썰고, 미나리, 양파는 잘게 썬다. 대파는 얇게 송송 썬다.

2 동태는 가시를 제거하고 한입 크기로 썬다.

↳ 아이들 먹이기 좋게 파는 손질 냉동 동태살을 이용하면 편리해요.

3 냄비에 물(2컵)을 붓고 무를 넣어 중간 불에서 끓어오르면 4~5분간 끓인다.

4 동태, 양파를 넣고 3~4분간 더 끓이며 떠오르는 거품을 걷어낸다.

5 미나리, 다진 마늘, 대파를 넣고 2분간 더 끓인다. 소금으로 슴슴하게 간을 맞춘다.

새우와 버섯의 감칠맛을 담은 맛있는 국물요리

표고버섯 새우탕

재료 1~2인분 / 조리시간 20분

- ☐ 냉동 생새우살 6~7마리
- ☐ 표고버섯 1개 (또는 말린 표고버섯 슬라이스 6개)
- ☐ 양파 20g
- ☐ 육수 1과 1/2컵(300㎖)

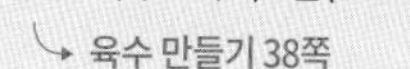
↳ 육수 만들기 38쪽

- ☐ 다진 마늘 1/2작은술
- ☐ 소금 1꼬집

1 냉동 생새우살은 찬물에 10분 정도 담가 해동 후 물기를 제거한다.

2 표고버섯, 양파는 사방 0.5cm 크기로 썬다. 생새우살은 2~3등분한다.

Tip

* 표고버섯은 생으로 써도 좋고 말린 것을 사용해도 좋아요. 말린 표고버섯은 미리 찬물에 10분 정도 불려 사용하세요.
* 새우는 익을수록 질겨지니 마지막에 넣어 5분 정도만 끓여요.
* 표고버섯은 새우에 들어있는 콜레스테롤 흡수를 떨어뜨리고 칼슘 흡수를 도와요.

3 냄비에 육수를 붓고 끓어오르면 표고버섯, 양파를 넣고 중약 불에서 4~5분간 끓이며 떠오르는 거품을 걷어낸다.

4 생새우살, 다진 마늘, 대파를 넣고 4~5분간 더 끓인다. 소금으로 슴슴하게 간을 맞춘다.

체력 튼튼! 보양이 되는

사골 백짬뽕탕

재료 2~3인분 / 조리시간 30분

- □ 오징어 몸통 30g
- □ 냉동 생새우살 3~4마리
- □ 바지락살 15g
- □ 양배추 40g
- □ 양파 10g
- □ 시판 사골국물 2컵(400㎖)
- □ 다진 마늘 1작은술
- □ 대파 1~2cm
- □ 소금 1꼬집
- □ 올리브유 1작은술

1 냉동 생새우살은 찬물에 10분 정도 담가 해동한 후 물기를 제거한다.

2 양배추, 양파는 사방 2cm 크기로 썬다. 대파는 송송 썬다.

3 생새우살은 2~3등분하고, 오징어는 잘게 썬다.

↳ 오징어 손질하기 36쪽

4 달군 냄비에 올리브유를 두르고 다진 마늘, 대파를 넣어 중약 불에서 1~2분간 볶는다.

5 양배추, 양파, 새우, 오징어, 바지락살을 넣어 2~3분간 볶는다. 사골국물을 넣고 10분간 끓인 후 소금으로 슴슴하게 간을 맞춘다.

Tip

* 사골국물 대신 해물 육수를 넣고 돼지고기를 썰어 더해주어도 맛있어요.

건더기 많이 넣어 슴슴하게 끓인

감자 된장찌개

재료 2~3인분 / 조리시간 20분

- ☐ 감자 작은 것 1개(100g)
- ☐ 애호박 30g
- ☐ 양파 20g
- ☐ 두부 40g
- ☐ 육수 1과 1/2컵(300㎖)
  ↳ 육수 만들기 38쪽
- ☐ 된장 1과 1/2작은술
- ☐ 다진 마늘 1/2작은술
- ☐ 대파 1~2cm

1 감자와 애호박은 0.5cm 두께로 먹기 좋게 썬다. 양파는 굵게 다지고, 대파는 얇게 송송 썬다.

2 두부는 사방 2cm 크기로 썬다.

3 냄비에 육수를 붓고 중간 불에서 끓어오르면 된장을 푼다.

4 감자, 애호박, 양파를 넣고 중간 불에서 10분간 더 끓인다.

5 두부, 다진 마늘, 대파를 넣고 2분간 더 끓인다.

Tip

* 찌개는 재료가 풍부해야 맛있습니다. 감자에는 나트륨을 배출시키는 칼륨이 풍부해 염도가 비교적 높은 된장찌개에 넣어주면 좋습니다.

동물성과 식물성 단백질을 조화롭게 먹을 수 있는

돼지고기 콩비지찌개

응용

김치 돼지고기 콩비지찌개

배추 대신 안 매운 배추김치(20g, 만들기 202쪽)를 썰어 넣으면 좋아요. 새콤한 감칠맛이 돌아 입맛을 돋구죠. 이때는 소금을 추가하지 마세요.

재료 2~3인분 / 조리시간 20분

- ☐ 돼지고기 앞다리살 50g
- ☐ 콩비지 100g
- ☐ 배춧잎 2장(60g)
- ☐ 양파 20g
- ☐ 물 1/2컵(100㎖)
- ☐ 다진 마늘 1작은술
- ☐ 소금 1꼬집
- ☐ 참기름 1/2작은술

1 배추는 2.5cm 크기로 썰고, 양파는 굵게 다진다.

2 돼지고기는 한입 크기로 썬다.

3 달군 냄비에 돼지고기를 넣고 중간 불에서 볶다가 기름이 나오면 다진 마늘을 넣어 1~2분간 더 볶는다.

4 배추, 양파를 넣어 1~2분간 더 볶는다.

5 물(1/2컵), 콩비지, 다진 마늘, 소금을 넣어 4~5분간 끓인다. 불을 끄고 참기름을 두른다.

chapter 3

단백질 메인반찬

아이들 성장기에 가장 빼놓을 수 없는 영양소가 단백질이지요.
단백질류는 한 번에 많이 먹는 것보다는
매일 세 끼 조금씩 나눠 먹는 게 성장과 발육에 도움이 됩니다.
메인반찬은 다양한 단백질 요리로 채웠어요.
아이들이 질리지 않도록 단백질 반찬을 다양한 소스나
양념으로 요리하세요.

달콤짭짤한 양념으로 아이들이 더 잘 먹는

두부구이와 채소 양념장

재료 2~3인분 / 조리시간 20분

- □ 두부 1/2모(150g)
- □ 밀가루 1큰술
- □ 식용유 1큰술

채소 양념장

- □ 양파 10g
- □ 당근 10g
- □ 애호박 10g
- □ 다진 마늘 1/2작은술
- □ 물 2큰술
- □ 양조간장 1작은술
- □ 올리고당 1작은술
- □ 통깨 1작은술
- □ 참기름 1작은술

1 두부는 1cm 두께로 썬 후 키친타월에 올려 물기를 제거한다.

2 양파, 당근, 애호박은 잘게 다진다.

3 두부의 앞뒤에 밀가루를 골고루 묻힌다.

4 달군 팬에 식용유를 두르고 두부를 올려 중약 불에서 3~4분간 뒤집어가며 노릇하게 굽는다.

5 작은 냄비에 채소 양념장 재료를 모두 넣어 중간 불에서 1분간 끓인 후 통깨, 참기름을 넣어 섞는다. 구운 두부에 곁들인다.

카레향으로 아이들 입맛을 돋궈주는

두부 채소 카레전

재료 2~3인분 / 조리시간 25분

- ☐ 두부 1/2모(150g)
- ☐ 양파 10g
- ☐ 당근 10g
- ☐ 애호박 20g
- ☐ 달걀 1개
- ☐ 부침가루 1큰술
- ☐ 카레가루 1작은술
- ☐ 식용유 1큰술

1 두부는 꼭 쥐어 물기를 짠다.

2 양파, 당근, 애호박은 잘게 다진다.

3 볼에 식용유를 제외한 모든 재료를 넣어 골고루 섞는다.

4 달군 팬에 식용유를 두르고 ③을 숟가락으로 떠 동그란 모양으로 올린다.

5 중약 불에서 뒤집어가며 4~5분간 익힌다.

Tip

* 카레와 부침가루에는 간이 되어있기 때문에 소금을 넣지 않아도 맛있어요.
* 채소를 크게 썰면 조리시간에 익지 않을 수 있어요. 최대한 잘게 썰고, 칼질에 자신이 없어 잘게 썰기 힘들다면 채소를 데치거나 살짝 볶아서 만드세요.

보슬보슬 볶아 숟가락으로 떠먹기 좋은

두부 채소 스크램블

재료 2~3인분 / 조리시간 15분

- ☐ 두부 약 1/4모(80g)
- ☐ 애호박 10g
- ☐ 당근 5g
- ☐ 양파 10g
- ☐ 대파 1~2cm
- ☐ 다진 마늘 1/2작은술
- ☐ 물 1/5컵(40mℓ)
- ☐ 카레가루 1작은술
- ☐ 식용유 1/2큰술

1 두부는 키친타월에 올려 물기를 제거한다.

2 애호박, 당근, 양파, 대파는 잘게 다진다.

3 달군 팬에 식용유를 두르고 대파, 다진 마늘을 넣어 중간 불에서 1분간 볶는다. 애호박, 당근, 양파를 넣고 약한 불에서 1~2분간 볶는다.

4 물(1/5컵), 카레가루, 두부를 넣어 으깨가며 4~5분간 볶는다.

Tip

밥에 올려 덮밥으로 만들어도 잘 어울려요.

늘 먹던 평범한 달걀찜의 업그레이드

토마토 달걀찜

Tip

* 달걀찜은 어디에 찌느냐에 따라 시간이 달라질 수 있어요. 작은 트레이를 활용하면 더 빨리 찔 수 있겠죠? 꼬치나 젓가락으로 찔렀을 때 달걀물이 묻어 나오지 않으면 다 익은 거예요.

⊕ 응용

단호박 우유 달걀찜

방울토마토 대신에 찐 단호박(50g)과 우유(1/4컵)를 넣어 달걀과 곱게 갈아 찜을 해주세요. 색깔이 더 노란 빛이 나고 맛있어요.

재료 2~3인분 / 조리시간 30분

- ☐ 방울토마토 7개
- ☐ 달걀 2개
- ☐ 소금 1꼬집

1 방울토마토 꼭지 반대편에 열십자(+)로 칼집을 낸다.

2 끓는 물(2컵)에 방울토마토를 넣어 2분간 데친다.

3 찬물에 방울토마토를 넣어 껍질을 벗긴다.

4 푸드프로세서에 방울토마토, 달걀, 소금을 넣어 곱게 간다.

5 ④를 체에 내려 내열용기에 담는다.

6 김이 오른 찜기에 ⑤를 올려 15~20분간 찐다.

달걀과 양배추로 만드는 아이용 오코노미야키

가쓰오부시 달걀말이

재료 2~3인분 / 조리시간 20분

- □ 달걀 3개
- □ 양배추 20g
- □ 가쓰오부시 1큰술 (생략 가능)
- □ 돈가스 소스 1작은술
- □ 마요네즈 1작은술
- □ 식용유 1작은술

1 양배추는 잘게 다진다.

2 볼에 달걀을 넣어 푼 후 양배추를 넣어 섞는다.

3 달군 팬에 식용유를 두르고 중약 불에서 ②를 부어 넓게 펼친다. 윗면이 살짝 익기 시작할 때까지 그대로 둔다.

4 약한 불로 줄이고 2개의 뒤집개로 달걀말이를 한다. 접시에 담고 돈가스 소스, 마요네즈를 뿌린 후 가쓰오부시를 올린다.

Tip

* 생새우살이나 오징어를 잘게 다져 양배추와 같이 넣어 익혀도 좋아요.

코코넛 밀크를 섞어 한결 부드러운 맛과 향

코코넛 스크램블에그

응용

기본 스크램블에그

코코넛 밀크 대신 동량의 우유나 육수(만들기 38쪽)를 넣으면
달걀으로만 스크램블을 했을 때보다 부드러운 식감을 낼 수 있어요.

재료 1~2인분 / 조리시간 10분

- ☐ 달걀 1개
- ☐ 코코넛 밀크 3큰술(무가당)
- ☐ 소금 1꼬집
- ☐ 식용유 1/2작은술

1 볼에 달걀을 넣어 푼다.

2 코코넛 밀크, 소금을 넣어 섞는다.

3 달군 팬에 식용유를 두르고 중약 불에서 1~2분간 ②를 부어 스크램블한다.

Tip

* 일반적인 스크램블에그에 코코넛 밀크를 더한 것만으로도 색다른 맛을 줄 수 있어요. 코코넛 밀크는 간혹 첨가물이나 당이 첨가된 것이 있으니 첨가물이 없는 것으로 고르세요.

간단하게 만들 수 있는 고단백 고칼슘 반찬

치즈 오믈렛

재료 1~2인분 / 조리시간 10분

- □ 달걀 2개
- □ 우유 1큰술
- □ 저염 슬라이스 치즈 1장
- □ 버터 1작은술

1 볼에 달걀, 우유를 넣어 푼다.

2 슬라이스 치즈는 2등분한다.

3 달군 팬에 중약 불에서 버터를 녹이고 ①을 부어 넓게 펼친다.

4 한쪽에 슬라이스 치즈를 올리고 반으로 접는다.

5 약한 불로 줄여 앞뒤로 노릇하게 3~4분간 익힌다.

닭다릿살과 채소를 저염 간장양념에 맛있게 조린

간장 닭조림

재료 3~4인분 / 조리시간 25분
+
닭다리살 재우기 30분

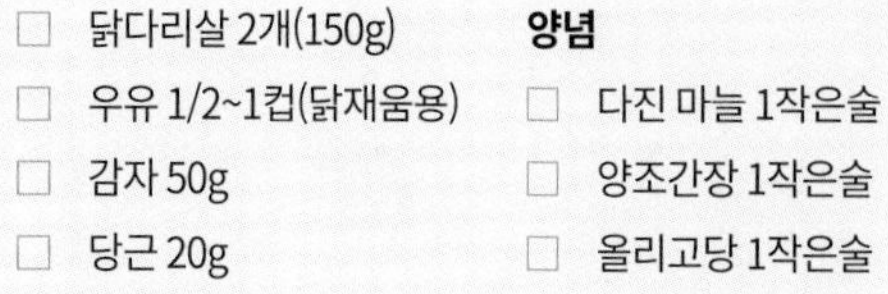
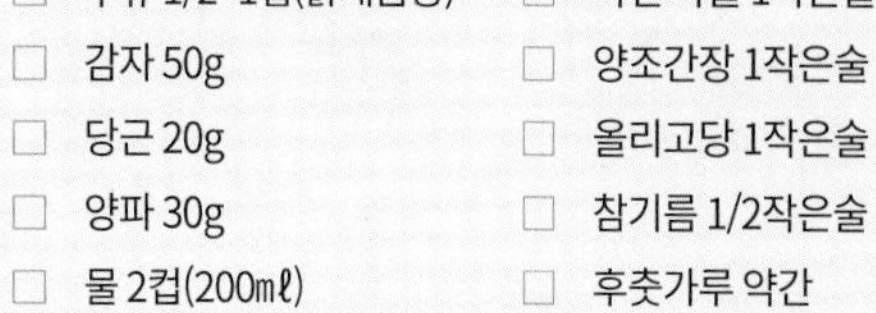

- □ 닭다리살 2개(150g)
- □ 우유 1/2~1컵(닭재움용)
- □ 감자 50g
- □ 당근 20g
- □ 양파 30g
- □ 물 2컵(200㎖)

양념

- □ 다진 마늘 1작은술
- □ 양조간장 1작은술
- □ 올리고당 1작은술
- □ 참기름 1/2작은술
- □ 후춧가루 약간

1 닭다리살은 껍질을 제거하고 우유에 30분간 담가둔다.

2 감자, 당근, 양파는 사방 1.5cm 크기로 썬다. 감자는 썰고 난 후 흐르는 물에 헹궈 전분기를 없애고 물기를 제거한다.

3 닭다리살을 헹궈 끓는 물(3컵)에 30초간 데친다.

4 닭다리살은 2.5cm 크기로 썬다.

5 냄비에 물(2컵), 감자, 당근, 양파, 닭다리살을 넣어 중간 불에서 끓어오르면 8~10분간 끓인다.

6 양념 재료를 모두 넣고 4~5분간 더 끓인다.

밥이나 파스타, 빵 모두 잘 어울리는 닭 요리

닭안심 크림조림

재료 2~3인분 / 조리시간 20분
+
닭안심 재우기 30분

- ☐ 닭안심 4개
- ☐ 양파 20g
- ☐ 시금치 5g
- ☐ 우유 1/2~1컵(닭 재움용) + 1/2컵(100㎖)
- ☐ 다진 마늘 1작은술
- ☐ 소금 1꼬집

1 닭안심을 우유(1/2~1컵)에 30분간 담가둔다.

2 닭안심을 깨끗이 씻어 힘줄을 제거한 후 2.5cm 크기로 썬다.

Tip

* 닭고기를 우유에 담가두면 잡내도 없어지고 더 부드러워져요. 신선한 닭고기라면 우유에 재워둘 필요없이 키친타월로 핏물을 제거한 후 사용하세요.

3 양파는 굵게 다지고, 시금치는 1cm 길이로 썬다.

4 냄비에 우유(1/2컵), 닭안심, 양파, 시금치, 다진 마늘을 넣고 중간 불에서 끓어오르면 10분간 끓인 후 소금으로 슴슴하게 간을 맞춘다.

향긋한 귤향으로 입맛을 사로잡는

귤 마리네이드 닭구이

재료 3~4인분 / 조리시간 15분
+
닭안심 재우기 1시간 30분

- □ 닭안심 4~5개(150g)
- □ 우유 1/2~1컵(닭 재움용)
- □ 식용유 1작은술

마리네이드 양념

- □ 귤즙 1/2개분(또는 오렌지 1/4개분)
- □ 올리브유 2큰술
- □ 다진 마늘 1작은술
- □ 후춧가루 약간
- □ 소금 1꼬집

1 닭안심을 우유에 30분간 담가둔다.

2 귤은 즙을 짠다.

3 볼에 마리네이드 양념 재료를 모두 넣어 골고루 섞는다.

4 ①의 닭안심을 깨끗이 씻어 물기를 제거하고 마리네이드 양념에 버무려 냉장실에서 1시간 이상 재워둔다.

5 달군 팬에 식용유를 두른 후 닭안심을 넣어 중간 불에서 5~6분간 굽는다.

Tip

* 닭고기를 우유에 담가두면 잡내도 없어지고 더 부드러워져요. 신선한 닭고기라면 우유에 재워 둘 필요없이 키친타월로 핏물을 제거 후 사용하세요.
* 양념에 버무려 하루 정도 숙성시키면 맛이 충분히 배어 더 맛있어요. 전날에 재워두었다가 다음날 반찬으로 만들어주세요. 닭다리살로 대체해도 좋아요.

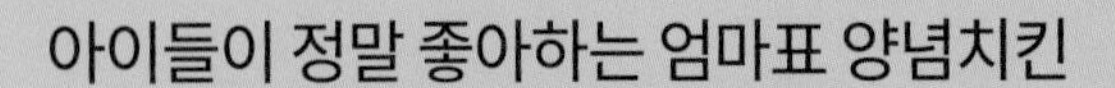

아이들이 정말 좋아하는 엄마표 양념치킨

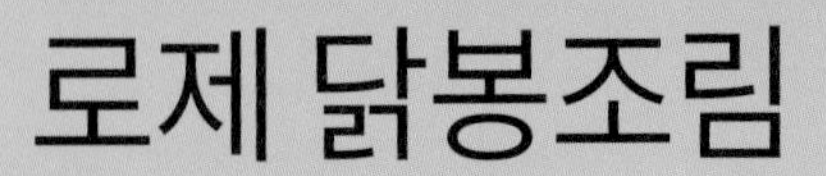

로제 닭봉조림

Tip

* 닭봉에 칼집을 넣으면 속까지 양념이 잘 배고 익는 시간을 단축시킬 수 있어요. 또한 닭봉을 끓는 물에 데쳐 요리하면 잡내를 줄일 수 있어요.

재료 2~3인분 / 조리시간 30분
+
닭봉 재우기 30분

- □ 닭봉 4개
- □ 시판 토마토소스 1/4컵(50mℓ)
- □ 우유 1/2~1컵(닭 재움용) + 1/2컵(100mℓ)
- □ 양파 30g
- □ 다진 마늘 1/2작은술
- □ 올리브유 1작은술

1 닭봉을 우유(1/2~1컵)에 30분간 담가둔다.

2 양파는 사방 1cm 크기로 깍둑 썬다.

3 ①의 닭봉을 물에 씻은 후 물기를 제거하고 사선으로 칼집을 넣는다.

4 끓는 물(3컵)에 닭봉을 넣어 2~3분간 데친다.

5 달군 팬에 올리브유를 두르고 양파, 다진 마늘을 넣어 중간 불에서 1분간 볶는다. 토마토소스, 우유(1/2컵)를 넣고 중간 불에서 2분간 끓인다.

6 닭봉을 넣고 중약 불에서 10~15분간 푹 익힌다.

면역력 높여주는 식이섬유와 단백질이 가득

쇠고기 우엉볶음

⊕ 응용

돼지고기 우엉볶음

쇠고기 대신 돼지고기 불고기용을 우엉과 함께 볶아주세요. 산성인 돼지고기와 알칼리성인 우엉은 궁합이 잘 맞아요. 뿐만 아니라 우엉이 돼지고기의 누린내도 잡아준답니다.

재료 2~3인분 / 조리시간 20분

- 쇠고기 불고기용 90g
- 우엉 30g
- 양파 10g
- 다진 마늘 1/2작은술
- 참치액 1/2작은술
- 올리고당 1/2작은술
- 물 1큰술
- 통깨 약간
- 식용유 1작은술

1 우엉은 껍질을 벗기고 편 썬 후 가늘게 채 썬다. 양파는 잘게 다진다.

2 끓는 물(1컵)에 식초(1작은술), 우엉을 넣어 1분간 데친 후 건져낸다.

3 키친타월에 쇠고기를 올려 핏물을 제거한 후 3cm 폭으로 썬다.

4 달군 팬에 식용유를 두르고 다진 양파, 마늘을 넣어 중간 불에서 1분간 볶는다. 쇠고기, 우엉을 넣고 2~3분간 더 볶는다.

5 참치액, 올리고당, 물을 넣고 2~3분간 볶은 후 불을 끄고 통깨를 뿌려 버무린다.

Tip

* 우엉은 식이섬유가 풍부한 식재료예요. 맛이 씁쓸해 아이들이 좋아하지 않을 수 있어요. 식촛물에 데치면 씁쓸한 맛도 줄고 갈변도 덜 된답니다.

고기에 채소, 청포묵 등을 더해 식감을 다채롭게 한

쇠고기 연근장조림

응용

메추리알 장조림

쇠고기 대신 동량의 삶은 메추리알로 장조림을 해보세요. 만들 때는 연근 대신 청포묵을 한입 크기로 썰어 넣으면 좋아요. 과정 ⑤처럼 냄비에 모든 재료를 넣고 20분간 끓이면 됩니다.

Tip

* 장조림을 만들 때 뿌리채소를 넣으면 푹 익어 아이들이 먹기 편해요. 또 평소에 잘 먹지 않았다면 짭쪼름하게 간이 배어 더 맛있게 먹을 수 있을 거예요.

재료 3~4인분 / 조리시간 30분
+
핏물 제거하기 30분

- ☐ 홍두깨살 100g (또는 돼지고기 안심)
- ☐ 연근 50g
- ☐ 양파 1/4개
- ☐ 마늘 2개
- ☐ 말린 표고버섯 슬라이스 3~4개
- ☐ 다시마 5×5cm 2~3장
- ☐ 양조간장 1큰술
- ☐ 올리고당 2큰술(또는 물엿)
- ☐ 물 2컵(400mℓ)

1 홍두깨살을 찬물에 30분간 담가 핏물을 제거한다.

2 연근은 껍질을 벗기고 2cm 두께의 한입 크기로 썬다.

3 끓는 물(2컵)에 식초(1/2큰술), 연근을 넣어 30초간 데친 후 건져낸다.

4 다시 물(3컵)을 받아 끓으면 홍두깨살을 넣어 2~3분간 삶은 후 건져내 찬물에 씻는다.

5 냄비에 모든 재료를 넣어 중간 불에서 15~20분간 푹 끓인다.

6 국물이 반 이상 줄면 불을 끄고 쇠고기를 건져 한김 식힌 후 결대로 찢는다.

↳ 양파, 마늘, 다시마는 건져내 버리고 표고버섯 슬라이스는 함께 먹어도 좋아요.

아이들이 좋아하는 당면을 더해 푸짐하게 만든

당면 불고기

⊕ 응용

닭안심 당면볶음

쇠고기 대신 동량의 닭안심을 얇게 저며
동일한 방법으로 만들어보세요.
부드러운 닭안심과 당면의 조화를
아이들이 좋아할 거예요.

재료 2~3인분 / 조리시간 20분
+
당면 불리기 30분

- ☐ 쇠고기 불고기용 90g
- ☐ 당면 50g

양념

- ☐ 물 1큰술
- ☐ 배 간 것 1큰술
- ☐ 다진 마늘 1/2작은술
- ☐ 다진 파 1cm분
- ☐ 양조간장 1작은술
- ☐ 조청 1작은술(또는 올리고당)
- ☐ 후춧가루 약간

1 당면을 물에 담가 30분 이상 불린다.

2 쇠고기는 키친타월에 올려 핏물을 제거한 후 3cm 폭으로 썬다. 볼에 양념 재료를 모두 넣어 골고루 섞는다.

3 양념에 쇠고기를 넣어 골고루 버무린 후 냉장실에 넣어 10분 이상 숙성시킨다.

4 달군 팬에 ③을 넣고 중간 불에서 3분간 볶는다.

5 불린 당면을 넣어 2분간 더 볶는다.

Tip

* 불고기 양념을 넉넉하게 만들어 한번 먹을 분량씩 소분해 얼려두면 필요 시 해동해 쓸 수 있어 편해요.

쇠고기와도 잘 어울리는 새콤한 토마토소스의 맛

쇠고기 폭찹

재료 1~2인분 / 조리시간 20분

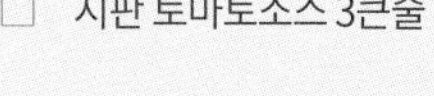

- □ 쇠고기 불고기용 90g (또는 돼지고기 목살)
- □ 양파 20g
- □ 브로콜리 40g
- □ 시판 토마토소스 3큰술
- □ 토마토케첩 1작은술
- □ 물 2큰술
- □ 다진 마늘 1/2작은술
- □ 버터 1작은술

1 양파는 사방 2cm 크기로 썰고, 브로콜리는 한입 크기로 썬다.

2 끓는 물(2컵)에 브로콜리를 넣어 1분간 데친 후 한김 식힌다.

3 키친타월에 쇠고기를 올려 핏물을 제거한 후 사방 2.5cm 크기로 썬다.

4 달군 팬에 버터를 넣고 다진 마늘, 양파, 브로콜리를 넣어 중간 불에서 1분간 양파가 투명해지도록 볶는다.

5 쇠고기를 넣고 3분간 더 볶는다.

6 토마토소스, 토마토케첩, 물을 넣고 약한 불에서 5분간 볶는다.

채소쌈으로 먹으면 영양적으로 더 완벽한 반찬

생강 수육과 저염 두부쌈장

Tip

* 시판 쌈장은 아이들이 먹기에는 짭니다. 견과류와 두부를 추가하면 염도를 낮추고 맛과 영양도 챙길 수 있어요. 견과류 알레르기가 있다면 통깨를 빻아 넣으세요.

재료 2~3인분 / 조리시간 40분
+
핏물 제거하기 20분

- ☐ 돼지고기 수육용 200g
- ☐ 양파 1/2개
- ☐ 대파 흰 부분 10cm
- ☐ 마늘 2개
- ☐ 생강 10g(또는 생강가루 1/4작은술)
- ☐ 된장 1작은술
- ☐ 물 4컵(800㎖)

저염 두부쌈장

- ☐ 두부 1/5모(60g)
- ☐ 호두 1개
- ☐ 캐슈넛 5개
- ☐ 쌈장 1큰술
- ☐ 올리고당 1작은술

1 돼지고기를 찬물에 20분간 담가 핏물을 뺀다.

2 냄비에 수육 재료를 모두 넣고 중간 불에서 30분간 푹 끓인다.

3 끓는 물(2컵)에 두부를 넣어 30초~1분간 데친 후 체에 밭쳐 물기를 뺀다.

4 호두, 캐슈넛은 잘게 다진다.

5 볼에 저염 두부쌈장 재료를 모두 넣어 골고루 섞는다.

6 익힌 돼지고기는 건져 한김 식힌다. 먹기 좋은 크기로 썬 후 저염 두부쌈장을 곁들인다.

↳ 고기를 젓가락으로 찔렀을 때 핏물이 나오지 않는지 확인 후 핏물이 나온다면 좀 더 익혀요.

감칠맛이 좋은 밥도둑 반찬 두 가지

돼지고기 가지볶음

⊕ 응용

새우 가지볶음

돼지고기 대신 새우와 함께 볶아도 좋아요.
가지와 새우는 식감이 잘 어울리는
식재료이고 굴소스와의 맛 조합도 좋아요.
단, 새우가 짠맛이 있으니 굴소스를
아주 조금만 넣으세요.

재료 2~3인분 / 조리시간 20분

- □ 돼지고기 앞다리살 불고기용 90g
- □ 가지 1/2개
- □ 양파 10g
- □ 식용유 1작은술

양념

- □ 물 1큰술
- □ 다진 마늘 1작은술
- □ 굴소스 1/3작은술
- □ 조청 1/2작은술 (또는 올리고당)

1 가지는 2등분해 3cm 길이로 어슷 썬다. 양파는 굵게 다진다.

2 돼지고기는 3cm 폭으로 썬다. 양념 재료는 미리 섞어둔다.

3 달군 팬에 식용유를 두르고 양파, 가지를 넣어 중간 불에서 1분간 볶는다.

4 돼지고기, 양념을 넣어 중간 불에서 4~5분간 더 익힌다.

Tip

* 굴소스는 굴로 만든 감칠맛이 풍부한 소스입니다. 하지만 염도가 높죠. 그래서 아이들에게는 물에 타서 연하게 줄 것을 추천해요. 그래도 굴소스가 꺼려진다면 짜장가루, 데리야키 소스, 돈가스 소스 등으로 대체해도 좋아요.

다짐육과 채소로 먹기 좋게 만든

한입 돈가스

응용

한입 생선가스

가자미살, 대구살, 명태살 등 흰살생선을 다져 한입 생선가스를 만들어보세요. 단, 흰살생선은 물기가 있으니 반죽할 때 전분(2큰술), 물(1큰술)을 추가하면 생선살과 다진 채소가 잘 뭉쳐질 거예요.

재료 2~3인분 / 조리시간 30분

- ☐ 다진 돼지고기 100g
- ☐ 양파 20g
- ☐ 당근 20g
- ☐ 다진 마늘 1작은술
- ☐ 소금 한 꼬집
- ☐ 후춧가루 약간
- ☐ 빵가루 1/2컵
- ☐ 달걀 2개
- ☐ 밀가루 3큰술
- ☐ 식용유 1/2컵(100mℓ)

1 양파, 당근은 잘게 다진다.

2 볼에 돼지고기, 양파, 당근, 다진 마늘, 소금, 후춧가루를 넣어 골고루 섞는다.

3 ②를 한입 크기로 동그납작하게 빚는다.

4 ③을 밀가루→달걀→빵가루 순으로 묻힌다.

5 달군 팬에 식용유를 넉넉하게 두르고 ④를 올려 중약 불에서 앞뒤로 뒤집어가며 5~6분간 익힌다.

Tip

* 팬에서 튀기는 방법 대신 오븐이나 에어프라이어에서 더 간단하게 만들 수 있어요. 반죽에 튀김옷을 입힌 후 기름을 살짝 묻혀 170°C로 예열된 오븐이나 에어프라이어에서 앞뒤로 각각 10분씩 구우면 됩니다.

브레인 푸드인 브로콜리에 새우와 사과를 넣어 푸짐하게

새우 브로콜리 버터볶음

재료 2~3인분 / 조리시간 25분

- □ 냉동 생새우살 15마리
- □ 브로콜리 50g
- □ 사과 1/4개
- □ 다진 마늘 1작은술
- □ 버터 10g
- □ 올리브유 1/2큰술

1 냉동 생새우살은 찬물에 15분간 담가 해동한 후 키친타월에 올려 물기를 제거한다.

2 브로콜리는 한입 크기로 썬다. 끓는 물(2컵)에 브로콜리를 넣어 30초간 데친 후 물기를 뺀다.

3 사과는 껍질을 제거하고 강판에 간다.

4 달군 팬에 올리브유를 두르고 다진 마늘을 넣어 중약 불에서 1분간 볶는다. 새우, 브로콜리, 갈은 사과를 넣고 3~4분간 볶는다.

5 버터를 넣고 1분간 더 볶는다.

Tip

* 새우에 염분기가 있어서 새우가 많이 들어가는 요리에는 소금을 넣지 않아도 충분히 짠맛이 느껴져요.

아이 반찬이나 간식으로 모두 어울리는

사과소스 새우 탕수

Tip

* 사과주스는 오렌지주스, 파인애플 주스로 대체해도 잘 어울려요.

재료 1~2인분 / 조리시간 35분

- □ 냉동 생새우살 10~12마리
- □ 라이스페이퍼 3장
- □ 식용유 1/2컵(100mℓ)

사과 탕수 소스

- □ 사과주스 1/2컵(100mℓ)
- □ 식초 1큰술
- □ 토마토케첩 1작은술
- □ 전분물 2큰술 (물 2큰술 + 전분 1큰술)

1 냉동 생새우살은 찬물에 15분간 담가 해동한다.

2 생새우살을 키친타월에 올려 물기를 제거한다. 작은 볼에 전불물 재료를 섞는다.

3 라이스페이퍼는 4등분으로 자른 후 따뜻한 물에 담가 말랑하게 불린다.

4 라이스페이퍼에 새우를 올려 돌돌 만다.

5 냄비에 식용유를 붓고 ④를 넣어 중간 불에서 2~3분간 튀긴다. 키친타월에 올려 기름기를 제거한다.

6 냄비에 사과주스, 식초, 토마토케첩을 넣고 약한 불에서 2~3분간 끓인다. ②의 전분물을 넣고 저어 농도를 맞춘 후 새우 탕수에 곁들인다.

싱싱한 해물과 채소를 듬뿍 넣은 엄마표 짜장

해물 짜장볶음

재료 1~2인분 / 조리시간 20분

- ☐ 오징어 30g
- ☐ 냉동 생새우살 4마리
- ☐ 양배추 30g
- ☐ 양파 20g
- ☐ 대파 1~2cm
- ☐ 다진 마늘 1작은술
- ☐ 짜장가루 1작은술
- ☐ 물 1큰술
- ☐ 올리브유 1/2큰술

1 오징어는 껍질을 제거한 후 2cm 크기로 썬다. 냉동 생새우살은 찬물에 10분간 담가 해동한 후 키친타월에 올려 물기를 제거한다.

↳ 오징어 손질하기 36쪽

2 양배추, 양파는 사방 2cm 크기로 썬다. 대파는 잘게 다진다.

3 달군 팬에 올리브유를 두르고 대파, 다진 마늘을 넣어 중약 불에서 1분간 볶는다. 양배추, 양파를 넣고 1~2분간 볶는다.

4 오징어, 생새우살, 짜장가루를 넣어 4~5분간 볶는다.

Tip

* 해산물 대신 부드러운 돼지고기 안심(90g)이나 쇠고기 등심(90g)으로 대체해도 좋습니다.

생선과 채소를 골고루 먹게 하는 영양 균형식

채소 동태전

응용

미나리 동태전

부추 대신 미나리를 넣어주세요. 동태와 미나리는 잘 어울리는 식재료인데요, 동태의 비린내를 미나리의 향긋함으로 잡아주죠. 미나리 대는 질기니 부드러운 잎만 사용하세요.

재료 2~3인분 / 조리시간 25분

- ☐ 냉동 동태살 90g
- ☐ 달걀 1개
- ☐ 양파 10g
- ☐ 당근 5g
- ☐ 부추 5g
- ☐ 밀가루 1큰술 (또는 쌀가루)
- ☐ 소금 1꼬집
- ☐ 후춧가루 약간
- ☐ 식용유 1큰술

1 냉동 동태살은 해동한 후 키친타월에 올려 물기를 제거한다.

2 양파, 당근, 부추는 잘게 다진다.

3 볼에 동태살을 넣고 으깬다.

4 ③에 달걀, 양파, 당근, 부추, 밀가루, 소금, 후춧가루를 넣고 섞는다.

5 달군 팬에 식용유를 두르고 먹기 좋은 크기로 올린다. 중약 불에서 4~5분간 뒤집어가며 익힌다.

Tip

* 냉동 동태살은 잘게 다지거나 푸드프로세서로 갈아서 사용해도 좋아요. 입자를 작게 으깰수록 팬에서 익힐 때 부서지지 않아요.
* 냉동 생선살을 사용할 때는 완전히 해동한 후 키친타월에 올려 물기를 제거하고 사용해야 비리거나 싱겁지 않아요.
* 생선살에 물기가 많을 경우 반죽이 질어져요. 그럴 때는 밀가루 양을 늘려 반죽의 농도를 맞추세요.

오메가3가 풍부한 등푸른 생선을 더 맛있게

삼치 엿강정

재료 2~3인분 / 조리시간 25분

- □ 삼치 120g
- □ 후춧가루 약간
- □ 식용유 1/2컵(100㎖)

튀김 반죽

- □ 튀김가루 100g
- □ 물 170㎖(170g)

↳ 사용하는 튀김가루 포장지 뒷면의 비율을 참고해 준비하세요.

강정 양념

- □ 올리고당 1큰술
- □ 식초 1큰술
- □ 다진 마늘 1/2작은술
- □ 양조간장 1작은술
- □ 토마토케첩 1작은술

1 삼치살은 사방 2.5cm 크기로 썰어 키친타월에 올려 물기를 제거한 후 후춧가루를 뿌려 버무린다.

2 볼에 강정 양념 재료를 모두 넣어 골고루 섞는다.

3 볼에 튀김가루, 물을 넣어 튀김 반죽을 만든 후 삼치를 넣어 묻힌다.

4 달군 팬에 식용유를 두르고 삼치를 올려 중간 불에서 3~4분간 튀긴다. 키친타월에 올려 기름기를 제거한다.

5 달군 팬에 강정 양념, 삼치튀김을 올려 중간 불에서 1~2분간 소스를 묻혀가면 졸인다.

Tip

* 연어, 흰살생선으로 대체해도 잘 어울려요.
* 생선살을 물로 헹군 후 식초나 레몬즙을 엷게 희석한 물에 1분 정도 담가두면 비린내를 제거할 수 있어요.

생선 잘 안 먹는 아이들도 아주 좋아하는 반찬

가자미 토마토조림

재료 1~2인분 / 조리시간 15분

- □ 냉동 가자미살 120g
- □ 양파 10g
- □ 시금치 10g
- □ 당근 약간
- □ 다진 마늘 1/2작은술
- □ 물 1/4컵(50㎖)
- □ 시판 토마토소스 2큰술
- □ 식용유 1/2큰술

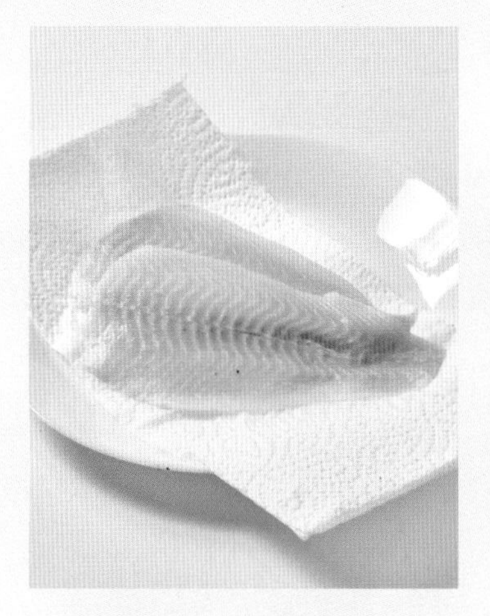

1 냉동 가자미살은 해동한 후 키친타월에 올려 물기를 제거한다.

2 양파는 굵게 다지고, 시금치는 0.5cm 폭으로 썬다. 당근은 3cm 길이로 채 썬다.

3 달군 냄비에 식용유를 두르고 양파, 다진 마늘을 넣어 약한 불에서 1분간 볶는다.

4 시금치, 당근을 넣어 시금치의 숨이 죽을 정도만 살짝 볶는다.

5 물(1/4컵), 토마토소스를 넣고 가자미살을 올려 뚜껑을 덮고 중약 불에서 3~4분간 익힌다.

↳ 그릇에 생선을 담고 소스를 위에 뿌리세요.

Tip

* 동태살이나 대구살로 대체해도 좋아요.
* 냉동 생선살을 사용할 때는 완전히 해동한 후 키친타월에 올려 물기를 제거하고 사용해야 비리거나 싱겁지 않아요.

아이들이 좋아하는 고소하고 담백한 맛

크림소스 연어스테이크

재료 2~3인분 / 조리시간 20분

- □ 연어 80g
- □ 올리브유 1/2큰술 + 1/2작은술

크림소스

- □ 양파 5g
- □ 파프리카 5g
- □ 다진 마늘 1/2작은술
- □ 버터 1작은술
- □ 우유 5와 1/2큰술
- □ 소금 1꼬집
- □ 전분물 1큰술 (물 1큰술 + 전분 1/2큰술)

1 양파, 파프리카는 잘게 다진다.

2 달군 팬에 올리브유(1/2큰술)를 두르고 연어를 넣어 중약 불에서 5분간 뒤집어가며 구운 후 덜어둔다.

3 다른 팬을 달군 후 올리브유(1/2작은술)를 두르고 양파, 파프리카, 다진 마늘을 넣고 중간 불에서 30초간 볶는다.

4 버터를 넣고 중약 불에서 녹인 후 우유, 소금을 넣어 2~3분간 끓인다. 작은 볼에 전분물 재료를 넣고 섞은 후 팬에 넣어 섞는다.

5 구운 연어를 넣어 2~3분간 졸인다.

Tip

- * 크림소스는 흰살생선과도 잘어울리니 대구살이나 동태살로 대체해도 좋아요.
- * 생선살을 물로 헹군 후 식초나 레몬즙을 옅게 희석한 물에 1분 정도 담가두면 비린내를 제거할 수 있어요.

chapter 4

사이드 반찬

채소의 영양에 대해서는 모두가 알고 있을 거예요.
하지만 채소를 싫어하는 아이들은 정말 많지요?
익숙해지기 위해서는 엄마의 인내가 필요해요.
매번 강조하는 8번의 노출! 꾸준히 내어주고 가족과 함께 먹는 식습관으로
우리 아이들도 분명 잘 먹게 될 거예요.
다양한 방법으로 아이들이 접하게 해주세요.

새콤하고 아삭해서 입맛을 돋구는

레몬 오이무침

응용

레몬 양배추무침

오이 대신 양배추(100g)를 얇게 채 썰어 소금에 살짝 절인 후 무쳐보세요.
양배추도 새콤한 맛과 잘 어울리고 아삭하니 맛있답니다.

재료 2~3인분 / 조리시간 20분

- □ 오이 1/2개(100g)
- □ 소금 1/3작은술
- □ 레몬즙 1작은술 (또는 식초)
- □ 조청 1작은술 (또는 올리고당)
- □ 후춧가루 약간 (생략 가능)

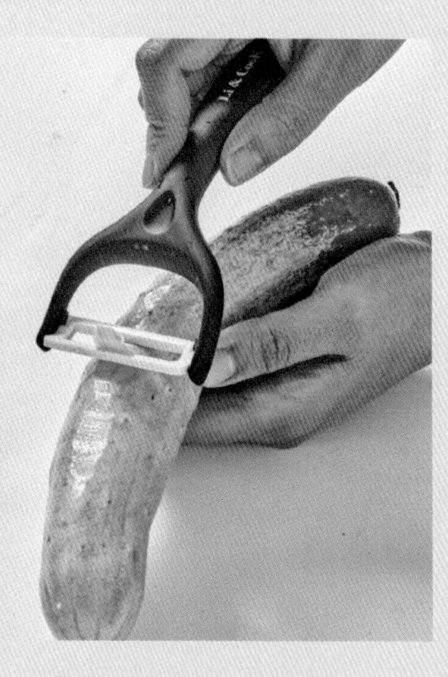

1 오이는 소금으로 문질러 씻고 오돌토돌한 부분을 감자칼로 제거한다.

2 오이는 길게 2등분한 후 얇게 썬다.

3 볼에 오이, 소금(1/3작은술)을 넣어 버무린 후 10분간 절인다.

4 오이에서 나온 물을 꼭 짠 후 레몬즙, 조청, 후춧가루를 넣어 버무린다.

Tip

* 오이를 최대한 얇게 썰어보세요. 간이 잘 배어 더 맛있고 오독오독한 식감이 살아난답니다.

은은한 딸기향 덕분에 아이들이 더 좋아하는 엄마표 피클

딸기잼 채소피클

재료 2~3인분 / 조리시간 20분

- ☐ 오이 작은 것 1/3개(40g)
- ☐ 무 40g
- ☐ 양배추 40g

피클 소스

- ☐ 물 1/2컵(100mℓ)
- ☐ 식초 1/2컵(100mℓ)
- ☐ 유기농 설탕 3큰술
- ☐ 딸기잼 1큰술
- ☐ 소금 1꼬집

1 오이는 1cm 두께의 반달 모양으로 썰고, 무는 사방 1cm 크기로 썬다. 양배추는 사방 2cm 크기로 썬다.

2 냄비에 피클 소스 재료를 모두 넣어 중간 불에서 3~5분간 끓인다.

3 밀폐용기에 채소를 모두 넣고 뜨거운 피클 소스를 붓는다.

↳ 실온에서 하루 정도 숙성시킨 후 냉장해서 먹어요.

Tip

* 집에 하나씩은 가지고 있는 딸기잼을 이용해 색다른 피클을 만들어보세요. 아이들과 함께 채소를 모양 틀로 찍어 예쁘게 만들어도 좋아요.

오메가3가 풍부한 들깻가루와 들기름에 버무린

들깨 콩나물무침

재료 2~3인분 / 조리시간 20분

- □ 콩나물 100g
- □ 대파 1~2cm
- □ 다진 마늘 1/3작은술
- □ 소금 한 꼬집
- □ 들깻가루 1작은술
- □ 들기름 1작은술 (또는 참기름)

1 콩나물은 긴 꼬리 부분을 제거하고 3cm 길이로 썬다. 대파는 잘게 썬다.

2 끓는 물(4컵)에 콩나물을 넣어 5분간 삶은 후 체에 밭쳐 한김 식힌다.

3 볼에 콩나물, 대파, 다진 마늘, 소금, 들깻가루를 넣어 버무린다. 들기름을 넣어 한 번 더 버무린다.

Tip

* 아이들용 나물 무침을 할 때에는 채소를 데친 후 뜨거울 때 다진 마늘을 넣어 섞어야 마늘의 매운맛을 날릴 수 있어요.

채소가 맛있어지는 고소한 마법 소스에 버무린

흑임자소스 양배추무침

⊕ 응용

흑임자소스 브로콜리무침 & 흑임자소스 연근무침

흑임자소스는 브로콜리나 연근과도 잘 어울려요. 양배추와 동량의 브로콜리와 연근을 준비해 끓는 물에 각각 1분, 3분씩 살짝 데쳐 소스와 버무려주세요.

재료 2~3인분 / 조리시간 15분

- □ 양배추 80g

흑임자소스

- □ 흑임자(검은깨) 1작은술
- □ 마요네즈 1작은술
- □ 식초 1작은술
- □ 꿀 1작은술
- □ 참기름 1작은술

1 양배추는 4cm 길이로 얇게 채 썬다.

2 끓는 물(2컵)에 양배추를 넣어 30초간 데친 후 체에 밭쳐 물기를 뺀다.

3 흑임자는 숟가락이나 절구로 으깬다.

4 볼에 흑임자소스 재료를 모두 넣어 골고루 섞는다.

5 ④에 양배추를 넣어 골고루 버무린다.

Tip

* 오감에 예민한 아이라면 흑임자를 푸드프로세서로 갈아 더 곱게 만들어 사용하세요.

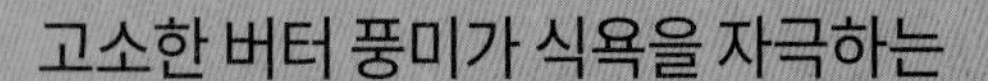

고소한 버터 풍미가 식욕을 자극하는

양배추 버터볶음

응용

브로콜리 버터볶음

브로콜리도 버터와 참 잘 어울리는 식재료예요.
브로콜리 사이사이에 버터 풍미가 배면
정말 맛있는 브로콜리 반찬이 됩니다.

재료 2~3인분 / 조리시간 15분
+
다시마 물 만들기 10분

- ☐ 양배추 90g
- ☐ 버터 5g
- ☐ 소금 1꼬집
- ☐ 후춧가루 약간

다시마 물

- ☐ 다시마 5×5cm 1장
- ☐ 물 1/4컵(50㎖)

1 볼에 다시마 물 재료를 넣고 10분간 우린다.

2 양배추는 사방 2.5cm 크기로 썬다.

3 달군 팬에 버터를 넣어 녹인 후 양배추를 넣어 중약 불에서 1~2분간 볶는다.

4 다시마 물, 소금, 후춧가루를 넣어 2~3분간 더 익힌다.

Tip

* 버터는 소금이 들어간 가염 버터와 소금이 들어가지 않은 무염 버터가 있어요. 가염 버터를 사용할 경우에는 소금을 생략하세요.

아삭하고 달큰해서 맛있는

들기름 배추나물

⊕ 응용

들기름 얼갈이 배추나물

얼갈이 배추(100g)로 대체해도 좋아요. 아삭한 식감이 배추와는 달라서 아이들도 색다른 식감을 느낄 수 있을 거예요.

재료 2~3인분 / 조리시간 15분

- 배추잎 3장(90g)
- 다진 마늘 1/2작은술
- 소금 1꼬집
- 들기름 1작은술 (또는 참기름)

1 배추는 사방 2.5cm 크기로 썬다.

2 끓는 물(2컵)에 배추를 넣고 1~2분간 데친 후 체에 밭쳐 식힌 후 물기를 꼭 짠다.

3 볼에 배추, 다진 마늘, 소금을 넣어 버무린다. 들기름을 넣어 한 번 더 버무린다.

고소하고 단백질이 풍부한 캐슈넛을 넣어 맛과 영양 UP!

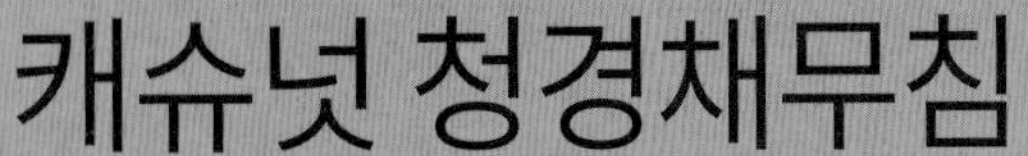

캐슈넛 청경채무침

+ 응용

캐슈넛 시금치무침

청경채 대신 익숙한 채소인 시금치(90g)로 무쳐도 캐슈넛의 고소함과 참 잘 어울려요. 달큰한 맛이 풍부한 겨울철 포항초나 섬초로 만들면 맛있어요.

재료 2~3인분 / 조리시간 15분

- □ 청경채 2~3개(90g)
- □ 캐슈넛 3개
- □ 다진 마늘 1/3작은술
- □ 올리브유 1/2작은술
- □ 소금 1꼬집

1 청경채는 2cm 크기로 썬다.

2 캐슈넛은 잘게 다지거나 곱게 간다.

3 끓는 물(2컵)에 청경채를 넣어 30초~1분간 데친다. 체에 밭쳐 찬물에 헹군 후 물기를 뺀다.

4 볼에 모든 재료를 넣어 골고루 무친다.

Tip

* 캐슈넛은 단백질 함량이 높은 견과류예요. 잘게 다져서 나물에 곁들이면 맛도 고소해지고 영양도 풍부해진답니다.

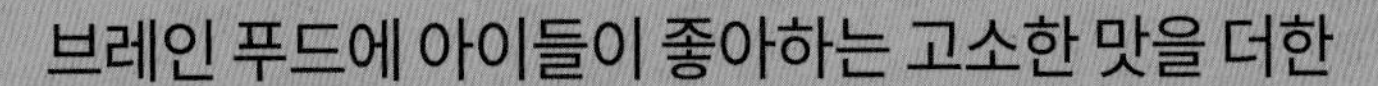

브레인 푸드에 아이들이 좋아하는 고소한 맛을 더한

브로콜리 깨무침

⊕ 응용

크림치즈 브로콜리무침

데친 브로콜리에 크림치즈 소스를 무쳐보세요. 브로콜리를 안 먹던 아이가 브로콜리를 좋아하게 될지도 몰라요. 크림치즈 1작은술, 마요네즈 1/2작은술, 올리브유 1작은술, 꿀 1/2작은술, 식초 1작은술을 골고루 섞은 후 브로콜리에 버무리면 끝!

재료 2~3인분 / 조리시간 15분

- ☐ 브로콜리 80g
- ☐ 통깨 1작은술
- ☐ 다진 마늘 1/3작은술
- ☐ 참기름 1작은술
- ☐ 소금 1꼬집

1 브로콜리는 한입 크기로 썬다.

2 끓는 물(3컵)에 브로콜리를 넣어 1분간 데친다. 찬물에 헹군 후 체에 밭쳐 물기를 뺀다.

3 통깨는 숟가락이나 절구로 으깬다.

4 볼에 모든 재료를 넣어 골고루 버무린다.

Tip

* 브로콜리는 아이들이 싫어하는 채소 중 하나입니다. 브로콜리는 오래 삶는 것보다 살짝 데치는 것이 풋내가 덜하고 단맛이 더 살아나요.

부드러운 두부를 넣어 아이들이 더 잘 먹는 채소 반찬

쑥갓 두부무침

응용

취나물 두부무침

취나물도 맛이 강해 아이들이 좋아하지 않을 수 있는데요, 쑥갓처럼 끓는 물에 데친 후 잘게 다져 두부와 무쳐주세요. 한입만 먹더라도 자주 노출해 아이가 친해지도록 하는 것이 편식을 줄이는 방법이랍니다.

재료 2~3인분 / 조리시간 20분

- [ ] 쑥갓 10g
- [ ] 두부 1/3모(100g)
- [ ] 양조간장 1/3작은술
- [ ] 참기름 1/2작은술
- [ ] 소금 1꼬집

1 끓는 물(2컵)에 두부를 넣어 30초간 데친 후 체에 밭쳐 물기를 뺀다.

2 끓는 물(2컵)에 쑥갓을 넣어 1~2분간 데친다.

Tip

* 향이 강한 채소는 두부와 함께 섞어주세요. 두부가 채소의 맛을 중화시켜줍니다. 처음에는 두부의 비율을 높게 주고, 잘 먹는다면 차츰 두부의 비율을 낮추세요.

3 쑥갓을 찬물에 헹군 후 물기를 꼭 짜고 잘게 썬다.

4 볼에 두부, 쑥갓을 넣고 양조간장, 소금, 참기름을 넣어 골고루 무친다.

부드럽고 달큰해서 아이들이 잘 먹는

새우젓 애호박나물

재료 2~3인분 / 조리시간 15분

- 애호박 1/3개(90g)
- 양파 20g
- 식용유 1작은술
- 다진 마늘 1/2작은술
- 물 1작은술
- 새우젓 국물 1/2작은술
- 들기름 1/2작은술 (또는 참기름)

1 애호박, 양파는 0.5cm 두께로 채 썬다.

2 달군 팬에 식용유를 두른 후 애호박, 양파, 다진 마늘을 넣어 중간 불에서 2~3분간 볶는다. 물(1작은술)을 넣어 1~2분간 더 익힌다.

3 새우젓 국물을 넣고 1~2분간 더 익힌 후 불을 끄고 들기름을 넣어 섞는다.

Tip

＊ 애호박은 설익으면 풋내가 나니 조리시간에 맞춰 푹 익히세요.

편식 채소를 전으로 부쳐 잘 먹게 만든

가지전

재료 2~3인분 / 조리시간 15분

- 가지 1/2개
- 달걀 1개
- 부침가루 1큰술
- 식용유 1작은술

1 가지는 얇게 썬다.
볼에 달걀을 넣어 푼다.

2 가지에 부침가루 → 달걀물 순으로 묻힌다.

3 달군 팬에 식용유를 두른 후 ②를 올려 약한 불에서 3~4분간 뒤집어가며 익힌다.

* 아이들이 잘 안먹는 채소는 전으로 먹이면 좋아요. 애호박이나 버섯 등을 전으로 만들어주세요.
* 전은 따뜻하게 먹는 것이 더 맛있으니 마지막에 만들거나 따뜻하게 데워서 주세요.

수용성 식이섬유가 풍부한 버섯으로 면역력 UP!

모둠 버섯볶음

재료 2~3인분 / 조리시간 20분

- ☐ 새송이버섯 30g
- ☐ 느타리버섯 30g
- ☐ 팽이버섯 30g
- ☐ 식용유 1작은술
- ☐ 다진 마늘 1/2작은술
- ☐ 소금 1꼬집
- ☐ 참기름 1작은술

1 새송이버섯은 3cm 길이로 채 썰고, 팽이버섯은 밑둥을 제거하고 3cm 길이로 썬다. 느타리버섯은 결대로 찢는다.

2 달군 팬에 식용유를 두르고 버섯을 넣어 중약 불에서 3~4분간 볶는다.

3 다진 마늘, 소금을 넣어 볶은 후 불을 끄고 참기름을 넣어 버무린다.

Tip

＊ 다양한 버섯으로 응용해도 좋아요. 표고버섯이나 양송이버섯은 얇게 썰고, 만가닥버섯은 결대로 찢어서 활용하세요.

양식으로 식단을 구성할 때 요긴한 사이드 반찬

양송이버섯 치즈구이

재료 2~3인분 / 조리시간 15분

- 양송이버섯 8개
- 슈레드 피자 치즈 40g
- 시판 토마토소스 3작은술

1 양송이버섯은 키친타월로 먼지를 털어내고 꼭지를 제거한다. 오븐은 170°C로 예열한다.

2 양송이버섯 안쪽에 토마토소스를 바르고 슈레드 피자 치즈를 올린다.

3 ②를 오븐 팬에 올리고 170°C 오븐에 넣어 10분간 익힌다.
↳ 에어프라이어로 익혀도 돼요.

Tip

* 양송이버섯구이는 겉은 식었어도 속이 뜨거울 수 있으니 충분히 식힌 후 먹이세요.
* 아이가 양송이버섯을 통으로 먹기 힘들어하면 얇게 편 썰어 토마토소스와 버무린 후 슈레드 피자 치즈를 올려 구우세요. 요리의 형태에 변화를 주는 것도 채소와 익숙해지는 다양한 시도 중 하나예요.

미각을 자극하는 새콤한 맛과 부드러운 식감

새콤 청포묵 김무침

응용

새콤 도토리묵 김무침

청포묵이 마트에 없는 경우도 많으니
자주 볼 수 있는 도토리묵을 데쳐
사용해도 좋습니다.

재료 2~3인분 / 조리시간 15분

- □ 청포묵 150g
- □ 김밥 김 1장

소스

- □ 통깨 1작은술
- □ 식초 1작은술
- □ 올리고당 1작은술
- □ 참기름 1작은술
- □ 소금 1꼬집

1 청포묵은 3cm 크기로 썬다.

2 김밥 김은 손으로 잘게 찢는다.

3 끓는 물(3컵)에 청포묵을 넣어 1~2분간 데친 후 청포묵이 투명해지면 체에 밭쳐 물기를 뺀다.

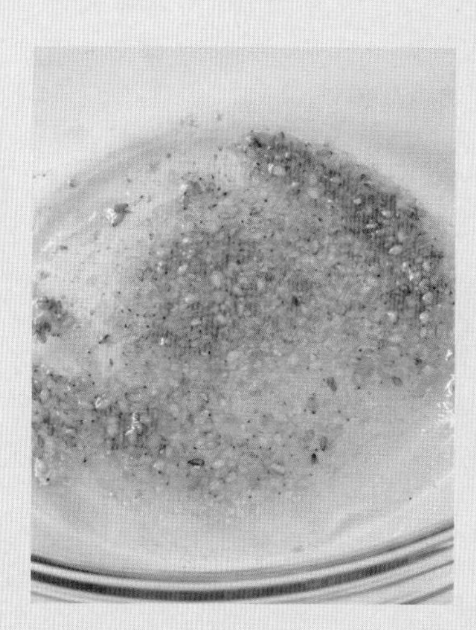

4 볼에 소스 재료를 모두 넣어 골고루 섞는다.

5 ④에 청포묵, 부순 김을 넣어 버무린다.

Tip

* 김밥 김 대신 조미 김을 사용할 경우에는 소스에서 소금을 생략하세요.
* 오이나 당근 등의 채소를 잘게 썰어 10g씩 넣어도 좋아요.

짭쪼름한 게맛살이 들어가 아이들이 더 좋아하는

게맛살 숙주볶음

재료 2~3인분 / 조리시간 20분

- 게맛살 50g
- 숙주 100g
- 대파 1~2cm
- 다진 마늘 1/2작은술
- 식용유 1작은술
- 소금 1꼬집
- 참기름 1작은술

1 숙주는 꼬리를 다듬어 3cm 길이로 썰고, 대파는 잘게 다진다.

2 게맛살은 3cm 길이로 썰고 얇게 찢는다.

Tip

* 게맛살을 끓는 물에 살짝 데치면 첨가물을 줄일 수 있어요.

3 끓는 물(2컵)에 게맛살을 넣어 30초간 데친 후 체에 밭쳐 물기를 뺀다.

4 달군 팬에 식용유를 두르고 대파, 다진 마늘을 넣어 약한 불에서 1분간 볶는다. 숙주, 게맛살, 소금을 넣어 3~4분 더 볶은 후 불을 끄고 참기름을 넣어 버무린다.

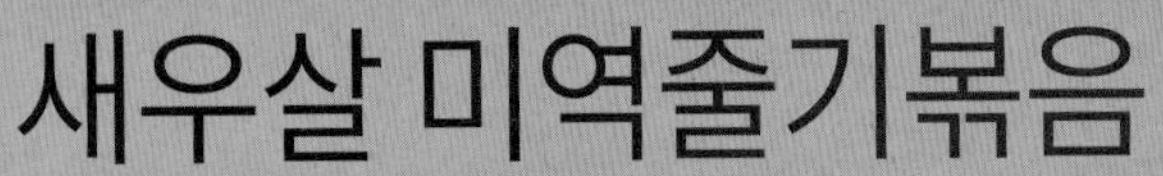

미세먼지 많은 날에 특히 더 좋은 해조류 반찬

새우살 미역줄기볶음

재료 2~3인분 / 조리시간 15분
+
미역줄기 짠맛 없애기 30분

- □ 미역줄기 100g
- □ 냉동 생새우살 6마리
- □ 양파 10g
- □ 당근 5g
- □ 올리브유 1작은술
- □ 다진 마늘 1/2작은술
- □ 양조간장 1/2작은술
- □ 맛술 1/2작은술
- □ 참기름 1작은술
- □ 들기름 1작은술
- □ 통깨 약간

1 미역줄기는 찬물에 2~3번 헹군 후 물에 30분간 담가 짠맛을 없앤다. 생새우살도 찬물에 10분간 담가 해동한다.

2 미역줄기는 체에 밭쳐 헹군 후 물기를 빼고 2.5cm 길이로 썬다.

3 양파, 당근은 3cm 길이로 채 썬다. 냉동 생새우살은 2등분한다.

4 달군 팬에 올리브유를 두르고 다진 마늘을 넣어 30초간 중약불에서 볶는다. 양파, 당근을 넣고 1분간 볶은 후 생새우살을 넣어 1분간 더 볶는다.

5 미역줄기, 양조간장, 맛술, 참기름을 넣고 2~3분간 더 볶는다. 불을 끄고 들기름, 통깨를 넣어 버무린다.

Tip

* 미역은 대표적인 알카리성 식품입니다. 가공 식품이나 육류 등 산성 식품을 과도하게 섭취하면 활성산소의 생성이 활발해져 몸 안의 독소배출이 어려워져요. 이때 미역과 같은 알카리성 식품을 먹으면 우리 몸을 중화시키는 데 도움이 됩니다. 또한 미역은 칼슘이 풍부해 성장기 아이들에게 좋은 식재료죠.

아이들이 좋아하는 두 가지 재료가 만난 인기 반찬

감자 어묵볶음

⊕ 응용

어묵볶음

감자를 넣지 않고 어묵을 2장으로 늘려
일반 어묵볶음으로 만들어도 좋아요.

Tip

* 감자를 물에 담가 전분기를 제거하면
감자를 볶을 때 부서지지 않아요.

재료 2~3인분 / 조리시간 20분

- □ 사각 어묵 1장
- □ 감자 작은 것 1개(100g)
- □ 양파 10g
- □ 당근 10g
- □ 대파 1~2cm
- □ 다진 마늘 1/2작은술
- □ 물 2큰술
- □ 양조간장 1/2작은술
- □ 올리고당 1작은술
- □ 식용유 1작은술

1 감자는 4cm 길이로 얇게 채 썬다. 찬물에 10분 정도 담가 전분기를 제거하고 체에 밭쳐 물기를 뺀다.

2 어묵은 4cm 두께로 채 썬 후 끓는 물(2컵)에 넣어 30초간 데친다.

3 양파, 당근은 얇게 채 썰고, 대파는 어슷 썬다.

4 달군 팬에 식용유 두른 후 양파, 당근, 다진 마늘을 넣어 중간 불에서 30초간 볶는다.

5 감자, 물(2큰술)을 넣어 2~3분간 더 볶는다.

6 어묵, 대파, 양조간장, 올리고당을 넣어 2~3분간 더 볶는다.

밥 한공기에 뚝딱 비우게 하는 환상의 단짠 조합

허니 버터 멸치볶음

재료 2~3인분 / 조리시간 15분

- 잔멸치 20g
- 버터 5g
- 다진 마늘 1작은술
- 꿀 1작은술
  (또는 올리고당)

1 달군 팬에 잔멸치를 넣어 중간 불에서 1분간 볶은 후 덜어둔다. 팬에 남은 부스러기는 키친타월로 닦는다.

2 팬을 다시 달궈 버터, 다진 마늘을 넣고 약한 불에서 30초간 볶는다.

3 잔멸치를 넣어 섞은 후 꿀을 넣어 1~2분간 더 볶는다.

* 바삭한 멸치가 입에 까끌거려 싫어하는 아이라면 잔멸치를 찬물에 20~30분 정도 불려서 사용하세요. 조금 더 부드러운 멸치볶음을 만들 수 있어요.

칼슘 흡수를 돕는 우엉을 넣어 더 탄탄해진 반찬

우엉 멸치조림

응용

우엉조림

멸치를 생략하고 우엉을
60g으로 늘려 만들면
일반 우엉조림이 됩니다.

재료 2~3인분 / 조리시간 30분

- ☐ 우엉 50g
- ☐ 잔멸치 10g
- ☐ 다진 마늘 1/2작은술
- ☐ 양조간장 1작은술
- ☐ 올리고당 2작은술
- ☐ 참기름 1작은술
- ☐ 통깨 약간

다시마 물

- ☐ 다시마 5×5cm 1장
- ☐ 물 1/2컵(100㎖)

1 볼에 다시마 물 재료를 넣고 10분간 우린다.

2 우엉은 껍질을 제거하고 가늘게 채 썬다.

3 끓는 물(2컵)에 식초 2~3방울을 넣고 우엉을 넣어 12~15분간 삶는다. 체에 밭쳐 물기를 제거한다.

4 냄비에 다시마 물, 우엉, 잔멸치, 다진 마늘, 양조간장, 올리고당을 넣어 중간 불에서 10분간 끓인다.

5. 양념이 거의 졸아들면 불을 끄고 참기름, 통깨를 넣어 버무린다.

Tip

* 우엉과 멸치는 궁합이 참 좋은 재료들이에요. 우엉의 이눌린 성분이 멸치의 칼슘 흡수를 도와주기 때문이죠. 성장기 아이들에게 딱 맞는 식재료 조합이랍니다.

당근을 잘 먹게 해줄 편식 개선 반찬

고구마 당근조림

재료 2~3인분 / 조리시간 30분

- □ 고구마 작은 것 1개(100g)
- □ 당근 1/4개(40g)
- □ 양조간장 1작은술
- □ 올리고당 2작은술(또는 물엿)
- □ 다진 마늘 1/2작은술

다시마 물

- □ 다시마 5×5cm 2장
- □ 물 1컵(200㎖)

1 볼에 다시마 물 재료를 넣고 10분간 우린다.

2 껍질 벗긴 고구마, 당근은 사방 2cm 크기로 깍둑 썬다. 고구마는 물에 2~3번 헹군 후 10분간 담갔다가 체에 밭쳐 물기를 뺀다.

3 냄비에 다시마 물을 붓고 나머지 재료를 모두 넣어 중간 불에서 15분간 끓인다.

Tip

* 고구마 대신 단호박이나 감자, 연근 등 다른 뿌리채소를 활용해서 만들어도 잘 어울려요.

파인애플 마요소스에 버무려 더 맛있는

연근 콘샐러드

재료 2~3인분 / 조리시간 15분

- ☐ 연근 50g
- ☐ 통조림 옥수수 2작은술
- ☐ 식초 약간

파인애플 마요소스

- ☐ 파인애플 30g
- ☐ 식초 1작은술
- ☐ 마요네즈 1작은술
- ☐ 올리브유 1작은술
- ☐ 소금 1꼬집

1 연근은 껍질을 제거하고 길게 2등분한 후 0.5cm 두께로 썬다. 파인애플은 잘게 다진다.

2 끓는 물(2컵)에 식초 2~3방울, 연근을 넣어 3~4분간 데친 후 체에 밭쳐 물기를 뺀다.

3 통조림 옥수수를 체에 올리고 끓는 물(1컵)을 부어 불순물을 제거한다.

4 볼에 파인애플 마요소스 재료를 모두 넣어 골고루 섞는다.

5 ④에 연근, 통조림 옥수수를 넣어 버무린다.

Tip

* 데친 연근은 잘게 썰어 옥수수와 함께 숟가락으로 떠먹을 수 있도록 만들어도 좋아요.

새콤달콤한 토마토소스에 맛있게 버무린

연근강정

재료 2~3인분 / 조리시간 20분

- ☐ 연근 90g
- ☐ 튀김가루 50g
- ☐ 물 85mℓ(85g)
- ☐ 식용유 1/2컵(100mℓ)

토마토소스

- ☐ 다진 마늘 1/2작은술
- ☐ 물 1작은술
- ☐ 토마토케첩 1작은술
- ☐ 올리고당 1작은술 (또는 물엿)

1 연근은 껍질을 제거하고 3cm 크기로 썬다.

2 끓는 물(3컵)에 식초 2~3방울, 연근을 넣어 30초간 데친다. 키친타월에 올려 물기를 제거한다.

3 볼에 튀김가루, 물을 넣어 골고루 섞은 후 연근을 넣어 버무린다.

4 냄비에 식용유를 붓고 중강 불에서 끓인 후 연근을 넣어 3분간 튀긴다. 키친타월에 튀긴 연근을 올려 기름기를 제거한다.

5 팬에 소스 재료를 모두 넣어 골고루 섞은 후 연근 튀김을 넣고 중간 불에서 1분간 버무리며 조린다.

Tip

* 연근강정에 다진 땅콩이나 캐슈넛 등의 견과류를 곁들이면 맛도 좋고 영양가도 높아져요.

채소를 튀겨 맛과 식감에 변화를 준

뿌리채소튀김

재료 2~3인분 / 조리시간 30분

- 우엉 30g
- 감자 50g
- 당근 20g
- 식용유 1/2컵(100㎖)
- 튀김가루 50g
- 물 85㎖(85g)

1 우엉과 감자는 껍질을 제거하고 4cm 길이로 채 썬다. 당근도 4cm 길이로 채 썬다.

2 감자는 물에 10분간 담가 전분기를 제거하고 물기를 뺀다. 우엉은 물에 식초(1작은술)를 섞은 후 데치기 전까지 담가두어 갈변을 방지한다.

3 끓는 물(2컵)에 식초 2~3방울, 우엉을 넣어 30초간 데친 후 체에 밭쳐 물기를 뺀다.

4 볼에 튀김가루, 물을 넣어 골고루 섞은 후 우엉, 감자, 당근을 넣어 버무린다.

5 냄비에 식용유를 붓고 중약 불에서 끓인 후 ④를 숟가락으로 떠 넣어가며 3~4분간 노릇하게 튀긴다.

Tip

* 채소의 물컹한 식감을 싫어하는 아이라면 튀김을 해서 식감을 바꿔 주세요. 채소를 안 먹던 아이들도 채소를 잘 먹을 수 있어요.

일품 요리에 곁들이는 사이드 반찬이나 간식으로 모두 활용 가능한

요거트 과일샐러드

재료 2~3인분 / 조리시간 15분

- ☐ 사과 1/4개(50g)
- ☐ 귤 1개
- ☐ 블루베리 6개
- ☐ 호두 1개
- ☐ 캐슈넛 2개

요거트 소스

- ☐ 무가당 플레인 요거트 2작은술
- ☐ 꿀 1작은술
- ☐ 소금 1꼬집

1 사과는 사방 2cm 크기로 썰고, 귤은 낱알로 뜯는다.

2 호두, 캐슈넛은 잘게 다진다.

3 볼에 요거트 소스 재료를 모두 넣어 골고루 섞는다.

4 ③에 나머지 재료를 넣어 가볍게 버무린다.

Tip

* 견과류 알레르기가 있다면 호두, 캐슈넛은 생략하세요. 이 메뉴는 돈가스, 함박 스테이크 등 일품 요리에 곁들이기 좋은 사이드 반찬이에요.

chapter 5

아이 김치

김치를 아이에게 꼭 먹여야 할까요?
아니오, 그럴 필요는 없습니다.
하지만 발효음식인 김치는 장내 미생물 중 유익균을
늘려주고 장 건강에 도움을 주기에 이로운 음식이기도 하지요.
먹이고 싶은데 어떻게 먹여야 할지 고민이 되나요?
과일을 이용한 달콤한 김치부터 시도해보세요.

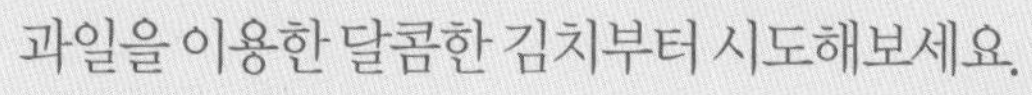

김치와 친해지는 연습하기 참 좋은

사과 깍두기

재료 2~3인분 / 조리시간 20분

- □ 사과 1/2개(100g)
- □ 소금 1꼬집
- □ 안 매운 고춧가루 1/2작은술
- □ 통깨 1/2작은술
- □ 다진 마늘 1/3작은술
- □ 새우젓 국물 1작은술

1 사과는 사방 2cm 크기로 썬다.

2 볼에 사과, 소금을 넣어 버무려 5분간 절인다.

3 ②에 고춧가루, 통깨, 다진 마늘, 새우젓 국물을 넣어 버무린다.
↳ 숙성 없이 바로 먹어도 돼요.

Tip

* 아이가 사과의 껍질을 잘 먹지 않는다면 껍질을 벗겨 만들어도 돼요.
* 매운 것을 잘 못 먹는 아이라면 고춧가루를 아주 소량만 넣으세요. 다진 마늘은 마늘가루로 대체해도 좋아요.
* 사과 깍두기는 오래두고 먹지 못하므로 2~3일 안에 먹어요.

고기요리에 곁들이면 맛도 어울리고 소화도 돕는

배생채

재료 2~3인분 / 조리시간 20분

- □ 배 1/2개(150g)
- □ 소금 1꼬집

양념

- □ 안 매운 고춧가루 1/3작은술
- □ 다진 마늘 1/3작은술
- □ 다시마 물 2작은술
  ↳ 다시마 물 만들기 38쪽
- □ 매실청 1작은술
- □ 멸치액젓 1/3작은술

1 배는 4cm 길이로 얇게 채 썬다.

2 볼에 배, 소금을 넣어 버무린 후 10분간 재운다. 생긴 물은 제거한다.

3 볼에 양념 재료를 모두 넣어 골고루 섞는다.

4 ③에 배를 넣어 버무린다.
↳ 숙성 없이 바로 먹어도 돼요.

Tip

* 매운 것을 잘 못 먹는 아이라면 고춧가루를 아주 소량만 넣으세요. 다진 마늘은 마늘가루로 대체해도 좋아요.

시원한 국물과 함께 먹으면 더 맛있는

물김치

재료 2~3인분 / 조리시간 20분
+
배추, 무 절이기 20분,
숙성하기 1일

- ☐ 배추잎 2장(60g)
- ☐ 무 70g
- ☐ 대파 2cm
- ☐ 마늘 1쪽
- ☐ 생수 2컵(400㎖)
- ☐ 안 매운 고춧가루 1작은술
- ☐ 소금 1작은술 + 1/2작은술
- ☐ 매실청 2작은술
- ☐ 멸치액젓 1작은술
- ☐ 생강가루 1꼬집(생략 가능)

1 배추, 무는 사방 2cm 크기로 썰고, 대파, 마늘은 2~3등분한다.

2 볼에 물(1컵), 소금(1작은술)을 넣어 섞은 후 배추, 무를 넣고 20분간 절인다. 중간중간 뒤적여 골고루 절여지도록 한다.

3 절여진 무, 배추는 물에 한번 헹궈 체에 밭쳐 물기를 뺀다.

4 면보에 고춧가루를 담고 감싼다. 보관 용기에 생수(2컵)를 담고 면보에 감싼 고춧가루를 넣어 색이 우러나도록 주무른다.

5 ④에 소금(1/2작은술), 매실청, 멸치액젓, 생강가루를 넣어 섞은 후 무, 배추, 대파, 마늘을 넣는다. 실온에서 하루 정도 숙성한 후 냉장고에 넣는다.

Tip

* 매운 것을 못먹는 아이라면 고춧가루를 생략해도 좋아요.
* 사과나 배를 무와 같은 크기로 썰어 넣어도 좋아요. 단, 보관기간이 4~5일로 줄어드니 최대한 빨리 섭취하세요.

요리에도 활용하기 좋은 담백한 김치

안 매운 배추김치

재료 3~4인분 / 조리시간 40분
+
배추, 무 절이기 10분,
숙성하기 1일

- □ 배추 100g
- □ 무 40g
- □ 소금 1/2작은술

찹쌀풀

- □ 찹쌀가루 1작은술
- □ 육수 1/4컵(50㎖)

↳ 육수 만들기 38쪽

양념

- □ 안매운 고춧가루 1/2작은술
- □ 다진 마늘 1/2작은술
- □ 멸치액젓 1/2작은술
- □ 올리고당 1작은술
- □ 생강가루 약간(생략 가능)

1 배추, 무는 사방 2cm 크기로 썬다.

2 볼에 배추, 무, 소금을 넣어 섞은 후 10분간 절인다.

3 냄비에 찹쌀풀 재료를 넣어 섞은 후 약한 불에서 1분간 끓여 찹쌀풀을 만든다. 시원한 곳에 두어 완전히 식힌다.

↳ 찹쌀풀은 발효를 위해 넣어요. 깔끔한 맛을 원한다면 생략해도 좋아요.

4 볼에 양념 재료를 모두 넣어 골고루 섞은 후 ③의 찹쌀풀(1작은술)을 넣어 섞는다.

5 ④의 볼에 배추, 무를 넣어 골고루 섞는다. 실온에서 하루 정도 숙성한 후 냉장고에 넣는다.

Tip

* 고춧가루가 굵다면 아이들이 싫어할 수 있어요. 고춧가루를 믹서에 넣어 곱게 갈아서 아이용으로 활용하면 좋아요.
* 매운 것을 못먹는 아이라면 고춧가루를 생략하고 백김치로 만들어도 됩니다. 또는 빨간 파프리카나 비트 한 조각을 넣어 색을 내도 좋아요.

육수로 볶아 감칠맛을 더한

들기름 깍두기조림

재료 2~3인분 / 조리시간 15분

- □ 익은 깍두기 50g
- □ 육수 1/4컵(50㎖)
  ↳ 육수 만들기 38쪽
- □ 다진 마늘 1/2작은술
- □ 들기름 1작은술

1 깍두기는 물에 헹궈 양념을 씻어낸다.

2 달군 팬에 육수, 깍두기, 다진 마늘을 넣어 중약 불에서 3~4분간 끓인다. 육수가 자작하게 졸아들면 들기름을 넣어 버무린다.

은은한 단맛을 더해 아이들이 더 잘 먹는

김치볶음

재료 2~3인분 / 조리시간 15분

- ☐ 익은 김치 50g
- ☐ 육수 1/4컵(50mℓ)

↳ 육수 만들기 38쪽

- ☐ 올리고당 1작은술
- ☐ 참기름 1작은술

1 김치는 양념을 털어내고 손으로 국물을 짠 후 사방 1cm 크기로 썬다.

2 달군 팬에 김치, 육수, 올리고당을 넣어 중약 불에서 3~4분간 끓인 후 참기름을 넣어 버무린다.

↳ 통깨를 뿌리면 고소해요.

김치를 쏙쏙 감춰 몰래 먹이기 좋은 메뉴

돼지고기 백김치전

재료 2~3인분 / 조리시간 20분

- □ 다진 돼지고기 30g
- □ 백김치 40g
- □ 양파 10g
- □ 부침가루 3큰술
- □ 물 1/3컵(70㎖)
- □ 식용유 1/2큰술

1 돼지고기는 키친타월에 올려 핏물을 제거한다.

2 백김치는 물기를 꼭 짠 후 1cm 폭으로 썬다. 양파는 굵게 다진다.

3 볼에 부침가루, 물을 넣고 골고루 섞어 반죽을 만든다.

4 ③에 돼지고기, 백김치, 양파를 넣어 골고루 섞는다.

5 달군 팬에 식용유를 두르고 ④를 올려 펼친다. 중약 불에서 3~4분간 뒤집어가며 노릇하게 익힌다.

Tip

* 백김치 대신 아이용 김치(202쪽)를 깨끗이 씻어 꼭 짠 후 작게 썰어 사용해도 좋아요.

chapter 6

한그릇 밥과 면

육아를 하다 보면 눈코 뜰 새 없이 바쁠 때가 많아요.
그럴 땐 간단하게 만드는 한그릇 요리가 도움이 된답니다.
한그릇에 아이가 먹어야 할 영양은 가득 담았어요.
한입을 먹더라도 영양은 듬뿍 주고 싶은 엄마의 마음으로
만들었습니다.

아침에 먹이기 좋은 부드럽고 순한 맛

연두부 달걀덮밥

재료 1~2인분 / 조리시간 20분

- ☐ 따뜻한 밥 85g
- ☐ 연두부 30g
- ☐ 달걀 1개
- ☐ 양파 10g
- ☐ 대파 1cm
- ☐ 소금 1꼬집
- ☐ 육수 1컵(200㎖)

↳ 육수 만들기 38쪽

전분물

- ☐ 전분 1/2큰술
- ☐ 물 1큰술

1 양파, 대파는 잘게 다진다.

2 볼에 달걀을 넣어 푼다. 다른 볼에 전분물 재료를 넣어 섞는다.

Tip

* 연두부, 두부와 같이 부드러운 재료는 아침밥으로 주기 좋아요. 우리 아이가 든든하고 속이 편하게 하루를 시작할 수 있어요.

3 냄비에 육수, 양파를 넣고 중간 불에서 끓어오르면 달걀물을 두르고 2분간 끓인다.

4 연두부, 대파, 전분물을 넣어 저어가며 1~2분간 끓인 후 소금으로 간한다. 따뜻한 밥에 곁들인다.

단백질을 넉넉히 담은 한그릇 밥

견과류 마파두부덮밥

Tip

* 매운맛이 힘든 아이라면 두반장 대신 된장이나 쌈장으로 만드세요. 견과류 알레르기가 있다면 캐슈넛은 생략하세요.

재료 1인분 / 조리시간 30분

- ☐ 따뜻한 밥 85g
- ☐ 두부 80g
- ☐ 양파 10g
- ☐ 당근 10g
- ☐ 애호박 10g
- ☐ 대파 1cm
- ☐ 다진 마늘 1/2작은술
- ☐ 캐슈넛 3개
- ☐ 육수 1컵(200㎖)
  ↳ 육수 만들기 38쪽
- ☐ 두반장 1작은술(또는 된장, 쌈장)
- ☐ 양조간장 1/2작은술
- ☐ 식용유 1작은술
- ☐ 참기름 1작은술

전분물

- ☐ 전분 1/2큰술
- ☐ 물 1큰술

1 육수에 두반장을 넣어 푼다.

2 양파, 당근, 애호박, 대파는 잘게 다진다.

3 캐슈넛은 잘게 다진다. 볼에 전분물 재료를 넣어 섞는다.

4 두부는 1.5cm 크기로 깍둑 썬 후 키친타월에 올려 물기를 제거한다.

5 달군 팬이나 냄비에 식용유를 두르고 대파, 다진 마늘을 넣어 중약 불에서 1~2분간 볶은 후 양파, 당근, 애호박을 넣어 1~2분간 더 볶는다.

6 ①의 육수를 넣고 중간 불에서 끓으면 두부, 양조간장, 전분물을 넣는다. 다시 끓어오르면 불을 끄고 참기름을 넣어 섞는다. 따뜻한 밥에 곁들인다.

아이들이 좋아하는 간장 양념으로 슴슴하게 만든

오징어 불고기덮밥

재료 1인분 / 조리시간 15분
+
오징어 재우기 10분

- □ 따뜻한 밥 85g
- □ 오징어 몸통 40g
- □ 양파 20g
- □ 당근 5g
- □ 육수 1/4컵(50㎖)

↳ 육수 만들기 38쪽

양념

- □ 다진 마늘 1/2작은술
- □ 다진 대파 약간
- □ 양조간장 1/2작은술
- □ 올리고당 1작은술
- □ 참기름 1작은술
- □ 후춧가루 약간

1 오징어는 껍질을 제거하고 2cm 크기로 썬다.

↳ 오징어 손질하기 36쪽

2 양파, 당근은 2cm 길이로 채 썬다.

3 볼에 육수, 양념 재료를 모두 넣어 골고루 섞은 후 오징어, 양파, 당근을 넣고 버무려 10분간 재워둔다.

4 달군 팬에 ③을 넣어 중약 불에서 4~5분간 끓인다. 따뜻한 밥에 곁들인다.

Tip

* 오징어 껍질을 제거하면 아이에게 조금 더 부드러운 오징어를 줄 수 있어요. 키친타월을 이용해 껍질을 살살 벗겨내면 오징어 껍질이 쉽게 벗겨져요.
* 오징어는 단백질 함량이 많은 식재료라서 성장기 아이들에게 필요한 단백질 급원이 되어주어요.

향이 있는 채소와도 조금씩 친해지도록 만든

돼지고기 깻잎덮밥

물김치

만들기 200쪽

재료 1인분 / 조리시간 25분

- ☐ 따뜻한 밥 85g
- ☐ 다진 돼지고기 30g
- ☐ 깻잎 1장
- ☐ 양파 20g
- ☐ 대파 1cm
- ☐ 다진 마늘 1/2작은술
- ☐ 양조간장 1/2작은술
- ☐ 참기름 1작은술
- ☐ 올리브유 1작은술
- ☐ 육수 1컵(200㎖)

↳ 육수 만들기 38쪽

전분물

- ☐ 전분 1/2큰술
- ☐ 물 1큰술

1 깻잎은 2cm 길이로 얇게 채 썬다. 양파는 굵게 다지고, 대파는 얇게 송송 썬다.

2 돼지고기는 키친타월에 올려 핏물을 제거한다. 다른 볼에 전분물 재료를 넣어 섞는다.

3 달군 팬에 올리브유를 두르고 대파, 다진 마늘을 넣어 중간 불에서 1~2분간 볶는다. 양파, 돼지고기를 넣고 1~2분간 더 볶는다.

4 육수, 깻잎, 양조간장, 전분물을 넣어 3분간 끓인 후 농도가 나면 불을 끄고 참기름을 두른다. 따뜻한 밥에 곁들인다.

Tip

* 깻잎은 향이 강한 채소이기 때문에 아이들이 싫어할 수 있어요. 그럴 때는 시금치나 청경채처럼 향이 없고 맛이 순한 채소를 섞어서 만드세요.

맛이 순해 아이들도 잘 먹는 두 가지 재료로 만든

청경채 닭볶음밥

재료 1인분 / 조리시간 20분

- □ 밥 85g
- □ 닭안심 1개
- □ 청경채 20g
- □ 양파 10g
- □ 다진 마늘 1/2작은술
- □ 올리브유 1/2큰술
- □ 굴소스 1/3작은술
- □ 물 1큰술

1 청경채, 양파는 사방 1cm 크기로 썬다.

2 닭안심은 힘줄을 제거하고 2cm 크기로 썬다.

3 달군 팬에 올리브유를 두르고 양파, 다진 마늘을 넣어 중약 불에서 1분간 볶는다. 닭안심, 청경채를 넣어 2~3분간 더 볶는다.

4 밥, 굴소스, 물을 넣고 약한 불로 줄여 1~2분간 더 볶는다.

Tip

* 굴소스는 굴로 만든 감칠맛이 풍부한 소스입니다. 하지만 염도가 높죠. 그래서 아이들에게는 물에 타서 연하게 줄 것을 추천해요. 그래도 굴소스가 꺼려진다면 짜장가루, 데리야키 소스, 돈가스 소스 등으로 대체해도 좋아요.

언제 만들어주어도 한그릇 뚝딱!

훈제오리 채소볶음밥

재료 1인분 / 조리시간 20분

- □ 밥 85g
- □ 훈제오리 30g
- □ 양파 10g
- □ 당근 5g
- □ 대파 1cm
- □ 다진 마늘 1/2작은술
- □ 올리브유 1/2큰술
- □ 굴소스 1/4작은술
- □ 물 1큰술

1 끓는 물(1컵)에 훈제오리를 넣어 1분간 데친 후 물기를 제거한다.

2 양파, 당근, 대파는 잘게 다진다.

3 훈제오리도 잘게 다진다.

4 달군 팬에 올리브유를 두르고 대파, 다진 마늘을 넣어 중약 불에서 1~2분간 볶는다. 양파, 당근, 훈제오리를 넣어 중약 불에서 2~3분간 더 볶는다.

5 밥, 굴소스, 물을 넣어 2~3분간 더 볶는다.

Tip

* 굴소스는 굴로 만든 감칠맛이 풍부한 소스입니다. 하지만 염도가 높죠. 그래서 아이들에게는 물에 타서 연하게 줄 것을 추천해요. 그래도 굴소스가 꺼려진다면 짜장가루, 데리야키 소스, 돈가스 소스 등으로 대체해도 좋아요.

매운맛이나 김치와 친해지는 연습하기 좋은 메뉴

김치 베이컨볶음밥

딸기잼 채소피클

만들기 148쪽

재료 1인분 / 조리시간 20분

- ☐ 따뜻한 밥 85g
- ☐ 베이컨 2줄(30g)
- ☐ 김치 20g
- ☐ 양파 10g
- ☐ 대파 1cm
- ☐ 올리고당 1작은술
- ☐ 올리브유 1작은술

1 끓는 물(1컵)에 베이컨을 넣어 30초간 데친 후 물기를 제거한다.

2 김치, 양파는 잘게 썰고, 대파는 얇게 송송 썬다.

3 베이컨은 1cm 폭으로 썬다.

4 달군 팬에 올리브유를 두른 후 양파, 대파, 김치를 넣어 중약 불에서 1~2분간 볶는다.

5 베이컨을 넣어 중약 불에서 1분간 볶은 후 올리고당, 밥을 넣어 2~3분간 더 볶는다.

Tip

* 김치를 매워하는 아이라면 김치 양념을 씻어서 사용하거나 백김치로 대체해 만들어요.
* 김치와 베이컨 모두 염도가 있는 재료라서 소금간은 따로 안해도 맛있어요.

볶은 쇠고기와 달큰한 채소를 듬뿍 넣은

삼색 비빔밥

재료 1인분 / 조리시간 15분

- □ 따뜻한 밥 85g
- □ 다진 쇠고기 30g
- □ 당근 10g
- □ 애호박 20g
- □ 물 2작은술
- □ 참기름 1작은술
- □ 통깨 약간

고기 양념

- □ 양조간장 1작은술
- □ 매실액 1작은술
- □ 다진 마늘 1/3작은술

1 당근, 애호박은 3cm 길이로 채 썬다. 쇠고기는 키친타월에 올려 핏물을 제거한다.

2 볼에 양념장 재료를 모두 넣어 골고루 섞은 후 쇠고기를 넣어 버무린다.

3 달군 팬에 애호박, 당근을 간격을 두고 올린다. 물(2작은술)을 넣어 중간 불에서 1~2분간 볶은 후 덜어둔다.

4 달군 팬에 ②를 넣어 2~3분간 더 볶은 후 불을 끄고 참기름, 통깨를 넣어 섞는다. 따뜻한 밥 위에 볶은 채소, 쇠고기를 올린다.

아이들이 좋아하는 참치, 달걀로 푸짐하게

참치마요 비빔밥

재료 1인분 / 조리시간 20분

- □ 따뜻한 밥 85g
- □ 참치 30g
- □ 오이 30g
- □ 달걀 1/2개
- □ 식용유 1/2큰술
- □ 마요네즈 1작은술
- □ 소금 1꼬집

1 오이는 잘게 다진 후 소금을 뿌려 버무린다. 볼에 달걀을 넣어 푼다.

2 달군 팬에 식용유를 두르고 달걀물을 부어 중약 불에서 스크램블한다.

3 참치는 체에 담아 끓는 물(2컵)을 부어 불순물과 기름을 제거한 후 숟가락으로 눌러 물기를 뺀다.

4 볼에 참치, 마요네즈를 넣어 골고루 버무린다. 따뜻한 밥에 오이, 달걀 스크램블, 참치를 올린다.

Tip

* 참치의 기름을 빼고 끓는 물에 살짝 넣었다 빼면 덜 짜고 담백하게 즐길 수 있어요.
* 참치와 채소, 밥을 골고루 비빈 후 주먹밥으로 만들어도 좋아요.

시판 조미 유부를 보다 건강하게 먹이는 방법

유부초밥

응용

잔멸치 유부초밥

잔멸치를 넣어 잔멸치 유부초밥을 만들어보세요.
잔멸치를 물에 10분 정도 불린 후 물기를 제거하고 참기름
1작은술에 버무려요. 과정 ④에서 밥에 넣어 완성하면 칼슘이
풍부한 유부초밥이 되지요.

재료 1인분 / 조리시간 30분

- ☐ 따뜻한 밥 85g
- ☐ 시판 조미 유부 5개
- ☐ 당근 10g
- ☐ 양조간장 1/3작은술
- ☐ 올리고당 1/2작은술

1 당근은 잘게 다진다.

2 끓는 물(1컵)에 당근을 넣어 30초간 데친 후 체에 밭쳐 물기를 뺀다.

3 다시 물을 끓인 후 유부를 넣고 30초간 데친 후 찬물에 식혀 물기를 꼭 짠다.

4 볼에 따뜻한 밥, 당근, 양조간장, 올리고당을 넣어 섞는다.

5 5등분하여 동그랗게 뭉친다. 유부에 밥을 넣어 완성한다.

Tip

* 시판 유부를 끓는 물에 데치면 첨가물도 줄고 담백하고 짜지 않은 유부초밥을 만들 수 있어요. 시판 유부에 들어있는 단촛물 대신 양조간장, 올리고당만 넣어도 아이들이 먹기에 충분히 맛있고 담백한 유부초밥이 되어요.

두뇌 발달에 참 좋은 두 재료로 만든

고등어 아보카도주먹밥

Tip

* 아보카도는 영양이 풍부하지만 예민한 과일입니다. 잘 익었을 때 먹어야 맛이 좋은데요, 아보카도 겉면의 색깔이 진해지고 눌렀을 때 말랑한 느낌이 나야 잘 익은 것이에요. 아보카도와 고등어 둘 다 불포화 지방산과 오메가-3가 풍부해 성장기 두뇌 발달에 좋은 식재료입니다.

재료 1인분 / 조리시간 20분

- 따뜻한 밥 85g
- 손질 고등어살 30g
- 잘 익은 아보카도 1/4개
- 참기름 1작은술
- 식용유 1/2작은술

1 아보카도는 칼집을 넣어 2등분하고 씨를 제거한다.

↳ 아보카도 손질하기 37쪽

2 껍질을 제거하고 얇게 썬다.

3 달군 팬에 식용유를 두르고 고등어를 올린 후 중간 불에서 6~7분간 앞뒤로 뒤집어가며 굽는다.

4 고등어는 가시를 제거하고 살을 바른다.

5 볼에 따뜻한 밥, 고등어살, 참기름을 넣어 골고루 섞는다.

6 밥을 동그랗게 만든 후 아보카도로 감싼다.

↳ 아보카도를 올려 랩으로 감싸면 모양 내기가 더 쉬워요.

소화가 잘 되는 담백하고 깔끔한 맛

따뜻한 묵밥

재료 1인분 / 조리시간 25분

- □ 따뜻한 밥 85g
- □ 도토리묵 50g
- □ 당근 10g
- □ 달걀지단 1/2~1개분
- □ 김밥 김 1/4장
- □ 육수 1/2컵(100㎖)
  - ↳ 육수 만들기 38쪽
- □ 양조간장 1작은술
- □ 다진 마늘 1/2작은술
- □ 참기름 1작은술

1 도토리묵은 2.5×1cm 크기로 썬다. 당근은 3cm 길이로 채 썬다. 달걀은 볼에 푼다.

↳ 달걀 흰자와 노른자를 분리해 각각 지단을 만들어 색감을 더해도 좋아요.

2 달군 팬에 식용유를 두르고 달걀을 부어 약한 불에서 2~3분간 구워 지단을 만든다.

3 한김 식힌 지단은 3cm 길이로 채 썬다.

4 냄비에 육수를 붓고 끓어오르면 양조간장, 다진 마늘, 도토리묵, 당근을 넣고 중약 불에서 4~5분간 끓인다.

5 위생팩에 김밥 김을 넣어 잘게 부순다. 그릇에 따뜻한 밥을 담고 ④를 부은 후 김, 지단을 올리고 참기름을 뿌린다.

Tip

* 도토리묵 대신 청포묵이나 메밀묵으로 대체 가능해요.
* 선선하거나 추운 날씨에는 아이들의 몸을 따뜻하게 해주는 국물이 있는 음식으로 아침밥을 차려주세요.

이국적인 풍미를 경험하게 해주는

게맛살 푸팟퐁커리

재료 2인분 / 조리시간 20분

- □ 따뜻한 밥 85g
- □ 게맛살 1줄(25g)
- □ 양파 15g
- □ 대파 1cm
- □ 달걀 1개
- □ 코코넛 밀크 1/4컵(50㎖)
- □ 우유 1/4컵(50㎖)
- □ 카레가루 1작은술
- □ 다진 마늘 1작은술
- □ 올리브유 1작은술

1 양파, 대파는 잘게 다지고 게맛살은 잘게 찢는다.

2 볼에 달걀, 코코넛 밀크, 우유, 카레가루를 넣어 섞는다.

3 달군 팬에 올리브유를 두르고 대파, 다진 마늘을 넣어 중약 불에서 1분간 볶는다. 양파, 게맛살을 넣어 1~2분간 더 볶는다.

4 ②를 넣어 젓가락으로 저어가며 4~5분간 충분히 익힌다.

Tip

* '푸팟퐁커리'는 게살을 넣어 만든 태국 커리예요. 코코넛 밀크를 사용한 은은한 단맛이 특징이죠. 맛살 대신 진짜 게살이나 새우살로 대체해도 좋아요. 코코넛 밀크가 낯설다면 우유로 대체하세요.

육수에 볶아 더 촉촉하고 맛있는

잡곡밥 리조또

재료 1인분 / 조리시간 25분

- □ 잡곡밥 85g
- □ 다진 쇠고기 30g (또는 다진 닭고기)
- □ 양파 10g
- □ 파프리카 10g
- □ 다진 마늘 1/2작은술
- □ 올리브유 1작은술
- □ 소금 1꼬집
- □ 육수 1/2컵(100㎖)

↳ 육수 만들기 38쪽

1 양파, 파프리카는 잘게 다진다. 쇠고기는 키친타월에 올려 핏물을 제거한다.

2 달군 팬에 올리브유를 두르고 양파, 파프리카, 다진 마늘을 넣어 중약 불에서 1~2분간 볶는다.

Tip

* 잡곡은 영양이 풍부한 탄수화물의 급원입니다. 하지만 식이섬유가 풍부해 장이 약한 아이들에게는 무리가 될 수도 있어요. 처음에는 잡곡의 비율을 5% 정도만 넣어 아이가 소화를 잘 시키고 배변이 괜찮은지 확인 후에 양을 점차 늘려주세요. 잡곡밥을 줄 때에는 4가지 종류 이상은 섞지 말고 잡곡 사용 시 충분히 불려서 소화가 잘 될 수 있도록 해주세요.

3 쇠고기를 넣고 중약 불에서 2~3분간 볶는다.

4 육수, 잡곡밥을 넣어 4~5분간 육수가 졸아들 때까지 볶는다. 소금으로 슴슴하게 간을 맞춘다.

피로 회복에 좋은 타우린이 듬뿍!

주꾸미 리조또

Tip

* 주꾸미는 오래 익힐수록 질겨져요. 살짝만 볶거나 삶아서 맨 마지막에 넣는 것도 방법이에요.
* 마늘종은 오래 익히면 매운맛이 없어지고 단맛이 올라오지요. 충분히 익혀 단맛을 높여주면 아이들도 의외로 좋아해요.

재료 1인분 / 조리시간 25분

- □ 밥 85g
- □ 주꾸미 3마리
- □ 마늘종 20g
- □ 양파 10g
- □ 다진 마늘 1/2작은술
- □ 육수 1/2컵(100㎖)
  ↳ 육수 만들기 38쪽
- □ 우유 1/2컵(100㎖)
- □ 굴소스 1/4작은술
- □ 물 1큰술
- □ 올리브유 1/2큰술

1 마늘종, 양파는 잘게 썬다.

2 주꾸미는 소금으로 문질러 2~3번 헹군 후 물기를 제거한다.
↳ 주꾸미 손질하기 36쪽

3 주꾸미는 2cm 크기로 썬다.

4 달군 팬에 올리브유를 두르고 마늘종, 양파, 다진 마늘을 넣어 중약 불에서 1~2분간 볶는다.

5 주꾸미를 넣고 1~2분간 더 볶는다.

6 육수, 우유, 굴소스, 물, 밥을 넣고 육수가 졸아들 때까지 중약 불에서 2~3분간 볶는다.

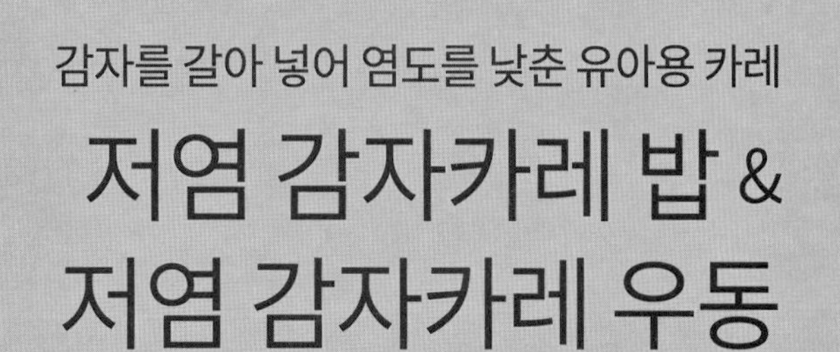

감자를 갈아 넣어 염도를 낮춘 유아용 카레

저염 감자카레 밥 & 저염 감자카레 우동

Tip

* 카레는 평소에 안먹던 채소를 시도해볼 만한 기회가 되지요. 평소 싫어했던 브로콜리, 파프리카, 버섯 등을 작게 썰어 함께 넣어보세요!
* 감자를 갈아서 카레에 넣으면 감자의 칼륨이 나트륨 배출을 도와주고 부드러운 느낌의 카레를 만들 수 있습니다.

재료 2~3인분 / 조리시간 30분

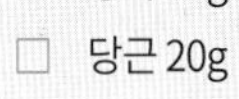

- □ 따뜻한 밥 85g (또는 삶은 우동면 40g)
- □ 감자 작은 것 1개(100g)
- □ 양파 30g
- □ 당근 20g
- □ 다진 돼지고기 50g
- □ 카레가루 20g
- □ 우유 1컵(200mℓ)
- □ 물 1컵(200mℓ)
- □ 올리브유 1/2큰술

1 양파, 당근은 사방 1cm 크기로 깍둑 썬다. 돼지고기는 키친타월에 올려 핏물을 뺀다.

2 우유에 카레가루를 넣어 풀어둔다.

3 감자는 껍질을 벗겨 큼직하게 썬다. 푸드프로세서에 감자, 물(1컵)을 넣고 곱게 간다.

4 달군 냄비에 올리브유를 두르고 돼지고기를 넣어 중간 불에서 1~2분간 볶다가 양파, 당근을 넣고 1~2분간 더 볶는다.

5 ③을 넣고 5분간 더 끓인다.

6 ②를 넣고 잘 저어가며 중약 불에서 4~5분간 끓인다. 따뜻한 밥이나 삶은 우동면에 곁들인다.

잘게 다진 연근으로 씹는 맛을 더하고 염도는 낮춘

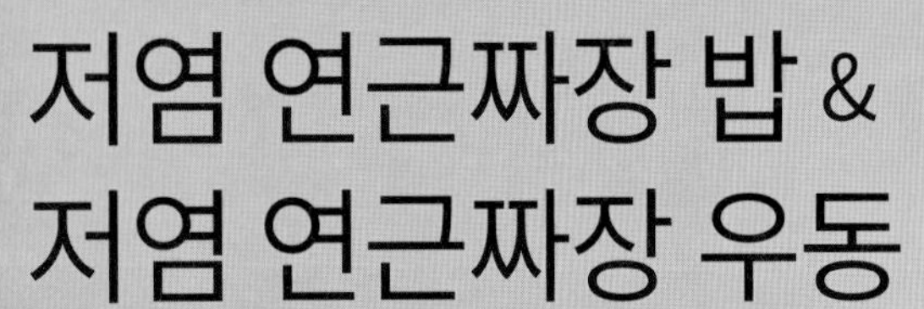

저염 연근짜장 밥 & 저염 연근짜장 우동

Tip

* 연근은 칼륨이 풍부한 뿌리채소예요. 짜장에 넣으면 아삭한 식감을 더할 뿐 아니라 나트륨 배출을 도와주죠.
* 연근을 넣으면 금방 걸쭉해져요. 눌러붙지 않도록 잘 저어가며 끓이세요.
* 다진 돼지고기를 볶아 곁들이면 더욱 든든해요.

재료 2~3인분 / 조리시간 30분

- □ 따뜻한 밥 85g (또는 삶은 우동면 40g)
- □ 연근 30g
- □ 양파 30g
- □ 감자 작은 것 1개(100g)
- □ 양배추 20g
- □ 대파 1cm
- □ 올리브유 1큰술
- □ 짜장가루 40g
- □ 물 2컵(400mℓ)

1 양파, 감자, 양배추는 사방 1cm 크기로 썬다. 대파는 잘게 다진다.

2 연근은 잘게 다진다.

3 감자는 물에 10분간 담가 전분기를 뺀 후 체에 밭쳐 물기를 뺀다.

4 물에 짜장가루를 넣어 푼다.

5 달군 냄비에 올리브유를 두르고 대파를 넣어 중간 불에서 30초간 볶는다. 양파, 감자, 양배추, 연근을 넣고 중약 불로 3~4분간 더 볶는다.

6 ④를 붓고 중약 불에서 끓어오르면 8~10분간 끓인다. 따뜻한 밥이나 삶은 우동면에 곁들인다.

바쁜 날, 간단하게 끓여 맛있게 먹는

어묵국수

안 매운 배추김치

만들기 202쪽

재료 1인분 / 조리시간 30분

- □ 소면 40g
- □ 사각 어묵 1/2장
- □ 당근 10g
- □ 애호박 10g
- □ 양파 10g
- □ 양조간장 1/2작은술
- □ 육수 1컵(200㎖)

↳ 육수 만들기 38쪽

1 당근, 애호박, 양파, 사각 어묵은 채 썬다.

2 끓는 물(2컵)에 어묵을 넣어 30초간 데친 후 키친타월에 올려 물기를 제거한다.

3 끓는 물(3컵)에 국수를 넣어 4~5분간 삶은 후 찬물에 헹궈 체에 밭쳐 물기를 제거한다.

4 냄비에 육수를 붓고 채소, 어묵, 양조간장을 넣어 끓어오르면 중간 불에서 3~4분간 끓인다. 그릇에 소면을 담고 국물을 붓는다.

Tip

* 어묵 대신 달걀 지단을 만들어 국수에 올려도 좋아요.

유아식으로 담백하게 만든 어린이용 팟타이

달걀 새우 볶음쌀국수

Tip

* 멸치액젓으로 간을 하면 동남아의 볶은 쌀국수인 팟타이처럼 이국적인 맛을 낼 수 있어요. 멸치액젓 대신 피시소스나 참치액으로 간을 해도 좋아요.

재료 1인분 / 조리시간 20분
+
쌀국수 불리기 30분

- ☐ 쌀국수 40g
- ☐ 냉동 생새우살 5개
- ☐ 달걀 1개
- ☐ 양파 10g
- ☐ 다진 마늘 1/2작은술
- ☐ 소금 1꼬집
- ☐ 식용유 1/2큰술

소스

- ☐ 물 1큰술
- ☐ 멸치액젓 1/2작은술
- ☐ 올리고당 1작은술

1 큰 볼에 쌀국수를 넣고 잠기도록 물을 부어 30분간 불린다. 냉동 생새우살도 찬물에 10분간 담가 해동한 후 물기를 제거한다.

2 양파는 잘게 다지고, 볼에 달걀을 넣어 푼다.

3 끓는 물(2컵)에 불린 쌀국수를 넣어 2~3분간 삶은 후 체에 밭쳐 물기를 뺀다.

4 달군 팬에 식용유를 두르고 양파, 다진 마늘을 넣어 중약 불에서 1분간 볶은 후 생새우살을 넣어 1~2분간 더 볶는다.

5 ④를 팬의 한쪽에 밀어두고 달걀을 부어 중약 불에서 스크램블한다.

6 쌀국수, 소스를 넣어 모두 골고루 섞으며 1~2분간 볶는다. 소금으로 슴슴하게 간을 맞춘다.

탄단지 재료를 골고루 넣어 아이들이 먹기 좋게 만든

돼지고기 숙주우동

재료 1인분 / 조리시간 30분

- □ 우동면 40g
- □ 돼지고기 앞다리살 30g
- □ 숙주 50g
- □ 양조간장 1/2작은술
- □ 참기름 1/2작은술
- □ 다진 마늘 1/2작은술
- □ 양파 10g
- □ 송송 썬 대파 1cm분
- □ 소금 1꼬집
- □ 육수 1컵(200㎖)

↳ 육수 만들기 38쪽

1 끓는 물(2컵)에 우동면을 넣어 1~2분간 삶은 후 체에 밭쳐 찬물에 헹구고 물기를 뺀다.

2 양파는 잘게 다지고, 숙주는 2.5cm 길이로 썬다.

3 우동면에 양조간장, 참기름을 넣어 버무린다.

4 달군 냄비에 다진 마늘, 양파, 돼지고기를 넣어 중간 불에서 2~3분간 볶는다.

5 숙주를 넣어 1분간 더 볶다가 육수를 붓고 중간 불에서 3분간 끓인다.

6 소금을 넣어 간하고 우동면, 송송 썬 대파를 넣어 30초간 끓인다.

생토마토를 갈아넣어 재료의 신선한 맛을 살린

토마토소스 파스타

Tip

* 시판 토마토소스는 아이들에게는 자극적일 수 있으니 생토마토를 갈아 섞어주세요. 아이들에게 더 건강한 토마토소스를 줄 수 있어요.
* 다진 쇠고기나 다진 돼지고기, 생새우살을 볶아서 곁들이면 단백질을 보충할 수 있어 더욱 든든하게 먹일 수 있어요.

응용

토마토소스 리조또

토마토소스에 스파게티 대신 밥을 넣으면 맛있는 리조또가 되지요.

재료 2~3인분 / 조리시간 30분

- ☐ 스파게티 40g
- ☐ 다진 마늘 1작은술
- ☐ 다진 양파 2큰술
- ☐ 올리브유 1작은술

소스

- ☐ 시판 토마토소스 1컵(200㎖)
- ☐ 토마토 1개
- ☐ 물 1/2컵(100㎖)

1 토마토 꼭지 반대편에 열십자(+)로 칼집을 넣는다. 끓는 물(2컵)에 토마토를 넣어 30초간 데친다.

2 찬물에 식힌 후 껍질을 벗긴다.

3 푸드프로세서에 토마토, 물(1/2컵)을 넣어 곱게 간다.

4 냄비에 올리브유를 두르고 다진 마늘, 양파를 넣어 중간 불에서 1분간 볶는다. 토마토소스, ③을 넣고 8~10분간 끓인다.

5 끓는 물(5컵)에 소금(1꼬집), 스파게티를 넣어 7~8분간 익힌다.

↳ 파스타 포장지에 적힌 삶는 시간을 참고해 익히는 시간을 가감하세요.

6 달군 팬에 ④의 토마토소스(1/2컵)를 넣고 익힌 스파게티를 넣어 중약 불에서 2~3분간 익힌다.

↳ 남은 토마토소스는 3~4일간 냉장 보관 가능해요.

새콤달콤해서 가볍게 먹기 좋은 한끼

푸실리 냉파스타

재료 2~3인분 / 조리시간 30분

- □ 푸실리 40g
- □ 파프리카 20g
- □ 방울토마토 3개
- □ 리코타 치즈 1큰술

소스

- □ 다진 양파 1큰술
- □ 다진 마늘 1/2작은술
- □ 오렌지 주스 1큰술
- □ 물 1큰술
- □ 양조간장 1작은술
- □ 식초 1작은술
- □ 올리고당 1작은술
- □ 통깨 약간
- □ 올리브유 1작은술

1 냄비에 올리브유를 제외한 소스 재료를 넣고 중간 불에서 끓어오르면 30초간 끓인다.

2 소스를 한김 식힌 후 올리브유와 골고루 섞는다. 냉장실에 넣어 차갑게 보관한다.

3 끓는 물(3컵)에 푸실리를 넣어 중간 불에서 12분간 삶는다. 체에 밭쳐 찬물에 헹군 후 물기를 뺀다.

↳ 파스타 포장지에 적힌 삶는 시간을 참고해 익히는 시간을 가감하세요.

4 파프리카는 잘게 다지고, 방울토마토는 2~4등분한다.

5 푸실리, 파프리카, 방울토마토, 소스를 섞어 그릇에 담고 리코타 치즈를 올린다.

Tip

* 냉파스타에 들어가는 면은 푹 삶아 말랑한 상태가 되어야 소스도 잘 배고 맛있어요.

고소하고 쫄깃한 별미

전복 들기름 파스타

재료 2~3인분 / 조리시간 20분

- ☐ 스파게티 40g
- ☐ 전복살 30g
- ☐ 양조간장 1작은술
- ☐ 들기름 1/2큰술

1 끓는 물(2컵)에 씻은 전복을 넣어 2~3분간 삶는다.

↳ 전복 손질하기 37쪽

2 숟가락으로 껍질에서 살을 떼어내 얇게 썬다.

3 끓는 물(5컵)에 스파게티를 넣어 10분간 삶는다.

↳ 파스타 포장지에 적힌 삶는 시간을 참고해 익히는 시간을 가감하세요.

4 볼에 스파게티, 전복살, 양조간장, 들기름을 넣어 골고루 버무린다.

Tip

* 비린내에 민감하다면 전복을 삶을 때 월계수잎 1장을 함께 넣어 끓이세요.

chapter 7

죽과 수프

부모로서 아이가 아플 때 가장 힘들죠.
대신 아파주고 싶은 마음이 굴뚝같아요.
아플 때는 부드럽고 속이 편안한 음식을 주세요.
죽이나 수프를 아플 때 먹는 이유는 소화 흡수가 잘되어
에너지를 빨리 내게 해주기 때문이에요.
아침으로 먹이기에도 좋은 메뉴들이랍니다.

만들기 쉽고 아이들도 잘 먹어 바쁜 아침식사로 추천!

김 달걀죽

재료 1~2인분 / 조리시간 25분
+
쌀 불리기 30분

- □ 백미 30g
- □ 달걀 1개
- □ 김밥 김 1/2장
- □ 물 1과 1/2컵(300㎖)
- □ 소금 1꼬집

1 볼에 쌀을 담고 물을 부어 주물러가며 씻는다. 3번 정도 물을 갈아주며 씻은 후 쌀을 물에 30분간 담가 불린다. 체에 밭쳐 물기를 뺀다

2 볼에 달걀을 넣어 푼다.

3 위생팩에 김밥 김을 넣어 잘게 부순다.

4 냄비에 불린 쌀, 물(1과 1/2컵), 소금을 넣고 중약 불에서 10분간 끓이다가 달걀물을 두른다.

5 부순 김을 넣고 저어가며 12~15분간 더 끓인다.

Tip

* 쌀 대신 밥으로 끓여도 좋아요. 밥 60g을 넣고 물은 1컵으로 줄여서 만들면 됩니다. 마지막 끓이는 시간은 8~10분 정도로 줄이세요.
* 김은 단백질이 풍부한 재료예요. 조미김으로 만들 때는 소금간을 생략하세요.

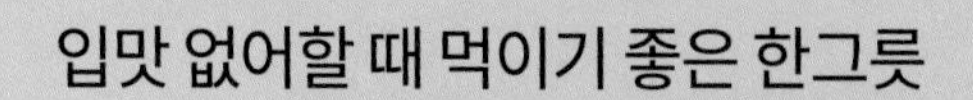
입맛 없어할 때 먹이기 좋은 한그릇

쇠고기 무죽

재료 1~2인분 / 조리시간 25분
+
쌀 불리기 30분

- □ 백미 30g
- □ 다진 쇠고기 30g
- □ 무 20g
- □ 양파 10g
- □ 물 1과 1/2컵(300㎖)
- □ 참기름 1/2작은술
- □ 소금 1꼬집

1 볼에 쌀을 담고 물을 부어 주물러가며 씻는다. 3번 정도 물을 갈아주며 씻은 후 쌀을 물에 30분간 담가 불린다. 체에 밭쳐 물기를 뺀다

2 무, 양파는 사방 0.5cm 크기로 썬다.

3 달군 냄비에 참기름을 두르고 쇠고기, 양파를 넣고 중간 불에서 1~2분간 볶는다.

4 불린 쌀, 물(1과 1/2컵), 무를 넣고 중간 불에서 4~5분간 끓인다. 약한 불로 줄여 12~15분간 저어가며 익힌다.

Tip

* 쌀 대신 밥으로 끓여도 좋아요. 밥 60g을 넣고 물은 1컵으로 줄여서 만들면 됩니다. 마지막 끓이는 시간은 8~10분 정도로 줄이세요.

소화도 잘 되고 속도 편한 고단백 죽

대구살 채소죽

재료 1인분 / 조리시간 25분
+
쌀 불리기 30분

- □ 백미 30g
- □ 냉동 대구살 30g
- □ 양파 10g
- □ 애호박 10g
- □ 당근 5g
- □ 물 1과 1/2컵(300㎖)
- □ 소금 1꼬집

1 볼에 쌀을 담고 물을 부어 주물러가며 씻는다. 3번 정도 물을 갈아주며 씻은 후 쌀을 물에 30분간 담가 불린다. 체에 밭쳐 물기를 뺀다.

2 양파, 애호박, 당근은 사방 0.5cm 크기로 썬다.

3 냉동 대구살은 해동한 후 키친타월에 올려 물기를 제거한다.

↳ 냉동 생선 해동하기 35쪽

4 냄비에 불린 쌀, 물(1과 1/2컵), 대구살, 양파, 애호박, 당근, 소금을 넣어 중간 불에서 4~5분간 끓인다. 약한 불로 줄여 12~15분간 저어가며 익힌다.

Tip

* 쌀 대신 밥으로 끓여도 좋아요. 밥 60g을 넣고 물은 1컵으로 줄여서 만들면 됩니다. 마지막 끓이는 시간은 8~10분 정도로 줄이세요.
* 냉동 대구살 대신 동태살, 가자미살로 대체해도 담백한 죽을 만들 수 있어요.

감칠맛과 씹는 맛을 잘 살린 별미죽

홍합살 미역죽

Tip

* 쌀 대신 밥으로 끓여도 좋아요. 밥 60g을 넣고 물은 1컵으로 줄여서 만들면 됩니다. 마지막 끓이는 시간은 8~10분 정도로 줄이세요.
* 홍합살 대신 바지락살이나 생새우살로 대체해도 좋아요.
* 아이가 해물 특유의 비린 풍미 때문에 잘 먹지 못한다면 참기름 1~2방울을 넣으세요. 고소한 향으로 비린내를 중화시킬 수 있어요.

재료 1~2인분 / 조리시간 25분
+
쌀 불리기 30분

- ☐ 백미 30g
- ☐ 홍합살 30g
- ☐ 말린 미역 1g
- ☐ 양파 20g
- ☐ 물 1과 1/2컵(300㎖)
- ☐ 올리브유 1/2작은술
- ☐ 소금 1꼬집

1 볼에 쌀을 담고 물을 부어 주물러가며 씻는다. 3번 정도 물을 갈아주며 씻은 후 쌀을 물에 30분간 담가 불린다. 체에 밭쳐 물기를 뺀다

2 볼에 물(2컵), 말린 미역을 넣어 불린 후 헹구고 물기를 꼭 짠다.

3 홍합살은 찬물에 살살 헹군 후 체에 밭쳐 물기를 뺀다.

4 양파, 불린 미역은 잘게 다진다.

5 달군 냄비에 올리브유를 두르고 홍합살, 미역을 넣어 중간 불에서 1~2분간 볶는다.

6 불린 쌀, 물(1과 1/2컵), 양파, 소금을 넣고 중간 불에서 4~5분간 끓인다. 약한 불로 줄여 10~12분간 저어가며 익힌다.

아이들이 좋아하는 크리미한 맛

견과류 감자 크림수프

⊕ 응용

견과류 고구마 크림수프 & 견과류 단호박 크림수프

감자 대신 달달한 고구마나 단호박으로 대체할 수 있어요. 견과류와 함께 수프를 만들면 고소한 맛이 잘 어우러져요.

재료 2~3인분 / 조리시간 40분

- □ 감자 작은 것 1개(100g)
- □ 양파 50g
- □ 우유 1컵(200㎖)
- □ 캐슈넛 6~7개
- □ 버터 5g
- □ 소금 1꼬집
- □ 물 약간

1 냄비에 감자, 물을 넣고 센 불에서 15~20분간 익힌다. 한김 식혀 껍질을 벗겨 큼직하게 썬다.

2 양파는 잘게 다진다.

3 달군 팬에 버터, 양파를 넣어 약한 불에서 5분간 볶는다. 중간중간 물을 조금씩 부어 가며 갈색이 될 때까지 볶는다.

4 푸드프로세서에 삶은 감자, ③의 양파, 우유(1컵에서 2~3큰술 정도만), 캐슈넛을 넣고 곱게 간다.

5 냄비에 ④를 붓고 나머지 우유를 더 넣어가며 중약 불에서 8~10분간 끓인다. 소금을 넣어 간한다.

Tip

* 수프에 들어가는 양파는 푹 익혀야 풋내, 매운맛이 나지 않아요. 미각이 어른보다 3배 발달한 우리 아이들은 작은 맛의 차이도 알아차릴 수 있어요.
* 조금 더 진한 맛의 수프를 원한다면 우유 1컵(200㎖)을 우유 3/4컵(150㎖)+생크림 1/4컵(50㎖)으로 대체해 끓여보세요. 진한 풍미가 느껴지는 수프가 될 거예요.

채소와 옥수수의 식감이 잘 어우러진

옥수수 브로콜리수프

Tip

* 수프에 씹는 재미를 더하기 위해 재료를 칼로 다져 넣었지만 믹서로 곱게 갈아 부드럽게 만들어도 좋아요. 수프를 만드는 일반적인 방법 중 하나는 루(밀가루와 버터를 볶아 만든 것)를 넣어 농도를 맞추는 것인데요, 전분물로 수프의 농도를 맞추면 더 간단해요.

재료 1~2인분 / 조리시간 30분

- ☐ 통조림 옥수수 60g
- ☐ 브로콜리 20g
- ☐ 우유 2컵(400㎖)
- ☐ 소금 1꼬집
- ☐ 버터 5g
- ☐ 전분물 2큰술
  (물 2큰술 + 전분 1큰술)

1 끓는 물(2컵)에 브로콜리를 넣어 1분간 데친다.

2 끓는 물(2컵)에 옥수수콘을 넣어 30초간 데친 후 체에 밭쳐 물기를 뺀다.

3 데친 브로콜리는 잘게 다지고, 통조림 옥수수는 굵게 다진다. 볼에 전분물 재료를 넣어 섞는다.

4 달군 냄비에 버터, 브로콜리, 옥수수를 넣어 중간 불에서 2분간 볶는다.

5 우유, 소금을 넣어 5분간 끓인다.

6 ⑤의 냄비에 전분물을 부어 저어가며 1분간 더 끓인다.

몸이 아팠거나 기운이 없을 때 먹이기 좋은 보양 수프

양배추 닭수프

Tip

* <내 영혼의 닭고기 수프>라는 책 아시나요? 닭수프는 서양에서 아플 때 먹는 소울 푸드 같은 것이라고 합니다. 우리나라에서는 닭죽을 먹는데요, 이렇게 닭국물 요리는 실제로 영양이 풍부하고 항염증 작용을 해서 아프고 난 뒤 회복에 도움을 줍니다.

재료 1~2인분 / 조리시간 40분

- ☐ 닭다리 1개
- ☐ 양배추 60g
- ☐ 방울토마토 3개
- ☐ 양파 30g
- ☐ 당근 10g
- ☐ 마늘 1개
- ☐ 물 2컵(400㎖)
- ☐ 버터 5g
- ☐ 소금 1꼬집
- ☐ 후춧가루 약간

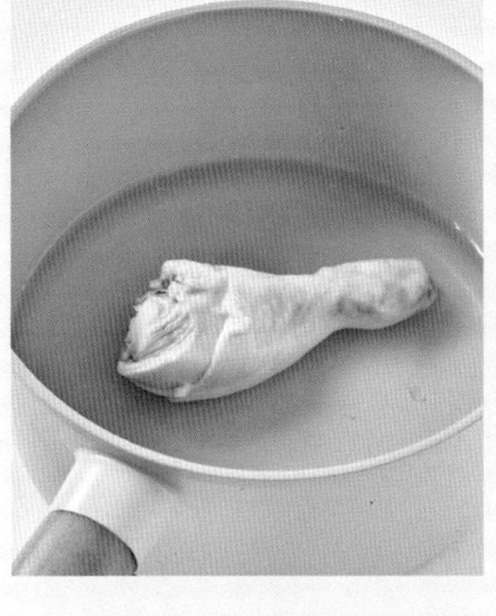

1 냄비에 닭다리, 물(2컵), 후춧가루를 넣고 중약 불에서 15분간 끓인다. 중간 중간 떠오르는 거품을 걷어낸다.

2 양배추는 사방 2cm 크기로 썰고, 방울토마토는 2등분한다.

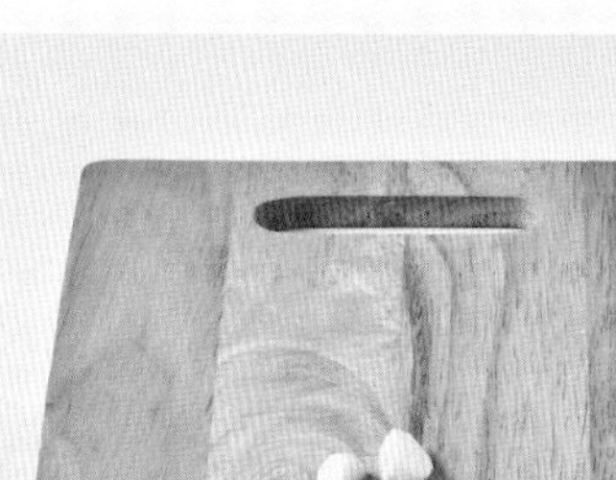

3 양파, 당근은 잘게 다진다. 마늘은 2등분한다.

4 달군 냄비에 버터를 넣고 양배추, 양파, 당근, 마늘을 넣어 약한 불에서 3~5분간 볶다가 방울토마토를 넣어 1~2분간 더 볶는다.

5 ①의 닭육수와 닭다리를 모두 붓고 중약 불에서 10분간 더 끓인 후 소금으로 간한다.

6 다 익은 닭다리는 건져내 한김 식혀 살을 발라낸 후 수프에 넣는다.

chapter 8

영양 간식

아이들은 에너지를 채우기 위해 세 끼와 함께 오전 간식, 오후 간식을 먹어요.
간식은 부족한 영양을 채우는 역할은 한답니다. 오늘 점심을 부실하게 먹었다면
영양가 풍부하고 무게감 있는 간식을 주고, 점심을 많이 먹었다면
가벼운 간식을 차려주면서 하루에 필요한 영양 밸런스를 맞춰주세요.
영양 간식과 군것질거리(사탕, 젤리, 아이스크림 등)를
다르게 생각해야 한다는 것! 잊지 마세요!

본 재료의 맛과 영양으로도 충분한

건강한 자연 간식

달걀

냄비에 달걀, 소금 약간, 식초 약간을 넣고 푹 잠기도록 물을 부어 센 불에서 끓인다. 끓어오르면 중간 불로 줄여 반숙은 7분, 완숙은 12분간 삶는다. 삶은 후 찬물에 담가 한김 식혀 껍질을 벗긴다. * 달걀은 삶을 때 실온에 20~30분 정도 두었다가 삶아야 잘 깨지지 않아요.

	찜기로 찌기	오븐이나 에어프라이어로 굽기	전자레인지로 익히기	냄비로 삶기
감자 1개 (200g) 기준	껍질째 김이 오른 찜기에 넣어 중간 불에서 25~30분간 찐다. 불을 끄고 5분간 그대로 두어 뜸을 들인다.	껍질째 알루미늄 포일에 싸거나 그냥 오븐 팬에 올려 200°C로 예열된 오븐의 가운데 칸에서 45~50분간 굽는다.	껍질째 종이 포일에 싸거나 위생팩에 넣어 전자레인지에서 7~9분간 익힌다.	냄비에 감자와 잠길 정도의 물과 소금 약간을 넣고 끓여 끓어오르면 뚜껑을 덮고 중약 불에서 25분간 삶는다. 자작할 정도의 물만 남기고 약한 불로 줄여 10분간 더 익힌다.
고구마 1개 (200g) 기준	껍질째 김이 오른 찜기에 넣어 중간 불에서 25~30분간 찐다. 불을 끄고 5분간 그대로 두어 뜸을 들인다.	껍질째 알루미늄 포일에 싸거나 그냥 오븐 팬에 올려 200°C로 예열된 오븐의 가운데 칸에서 45~50분간 굽는다.	껍질째 종이 포일에 싸거나 위생팩에 넣어 전자레인지에서 7~9분간 익힌다.	냄비에 고구마와 잠길 정도의 물을 넣고 끓여 끓어오르면 뚜껑을 덮고 중약 불에서 20분간 삶는다. 자작할 정도의 물만 남기고 약한 불로 줄여 10분간 더 익힌다.
단호박 1개 (800g) 기준	안쪽의 씨와 섬유질을 숟가락으로 파낸다. 김이 오른 찜기에 속부분이 바닥을 향하게 올려 중간 불로 20~25분간 찐다.	껍질째 1.5cm 두께의 웨지 모양으로 썬다. 200°C로 예열된 오븐의 가운데 칸에서 15분간 구운 후 뒤집어 10분간 더 굽는다.	안쪽의 씨와 섬유질을 숟가락으로 파낸다. 내열 용기에 속부분이 바닥을 향하게 올려 랩을 씌워 전자레인지에서 7분간 익힌다.	
옥수수 1개 (150g) 기준	껍질을 벗겨 김이 오른 찜기에 넣어 중간 불로 60~65분간 찐다.	냄비나 전자레인지로 먼저 익힌다. 180°C로 예열된 오븐의 가운데 칸에서 10분간 굽는다.	내열 용기에 옥수수를 담고 물(2큰술), 설탕(1/2작은술), 소금(약간)을 섞은 후 옥수수에 끼얹은 후 랩을 씌운다. 전자레인지에서 5~7분간 익힌다.	껍질을 벗긴 후 냄비에 옥수수와 잠길 정도의 물, 굵은 소금(1큰술), 설탕(1작은술)을 넣고 끓인다. 끓어오르면 뚜껑을 덮고 중약 불에서 45~50분간 삶는다.
밤	김이 오른 찜기에 넣어 중간 불에서 25~30분간 찐다. 중간중간 섞어줘야 골고루 익는다.	밤에 칼집을 넣는다. 180°C로 예열된 오븐의 가운데 칸에서 넣고 15~25분간 껍질이 벌어질 때까지 굽는다. 중간중간 오븐 팬을 흔들어 구우면 껍질이 쉽게 벌어진다.		

과일을 조금씩 다양하게 섞은

요거트 과일볼

재료 1인분 / 조리시간 15분

- 무가당 플레인 요거트 50g
- 블루베리 5개
- 사과 1/8개
- 복숭아 1/8개
- 바나나 1/4개

1 다양한 색과 식감의 과일 2가지 이상을 준비해 먹기 좋은 크기로 잘게 썬다.

2 그릇에 플레인 요거트를 담고 과일을 올린다.

Tip

* 과일이 들어간 요거트는 당 함량이 높을 수 있으니 플레인 요거트를 선택하세요.

아이들이 생채소와 친해지게 하는

채소스틱과 치즈소스

Tip

* 생채소를 아이에게 줄 때는 세척이 중요해요. 식촛물이나 채소 세척제에 담가 깨끗이 씻거나 끓는 물에 살짝 데쳐도 됩니다. 특히 여름철에 더 조심하세요.

재료 2~3인분 / 조리시간 15분

- □ 당근 10g
- □ 파프리카 10g
- □ 오이 10g
- □ 건망고 10g

치즈소스

- □ 크림치즈 1큰술
- □ 무가당 플레인 요거트 1큰술
- □ 꿀 1작은술

1 당근, 파프리카, 오이, 건망고는 5×1cm 크기로 썬다.

2 볼에 치즈소스 재료를 모두 넣어 골고루 섞은 후 채소스틱에 곁들인다.

식이섬유가 풍부한 고구마에 요거트까지 더해 장 건강과 면역력 UP!

견과류 고구마샐러드

재료 1~2인분 / 조리시간 30분

- □ 고구마 작은 것 1개 (약 100g)
- □ 견과류 20g(땅콩, 캐슈넛, 호두 등)
- □ 무가당 플레인 요거트 2큰술

1 냄비에 물(3컵), 고구마를 넣어 중간 불에서 15~20분간 익힌다. 한김 식힌 후 껍질을 제거한다.

2 뜨거울 때 볼에 넣어 포크로 으깬다.

Tip

* 말린 크랜베리, 말린 블루베리, 건포도, 건망고 등의 건과일을 잘게 다져서 더해도 맛있어요.

3 견과류는 잘게 다진다.

4 볼에 고구마, 견과류, 플레인 요거트를 넣어 골고루 섞는다.

아이들이 좋아하는 단짠 간식

단호박 땅콩조림

Tip

* 단호박이 단단해 자르기 어려우면
전자레인지에서 3분 정도 돌려 겉만
살짝 말랑하게 익힌 후 썰어요.

재료 2~3인분 / 조리시간 20분

- □ 단호박 100g □ 땅콩 8개

소스

- □ 다시마 5×5cm 2장
- □ 물 1과 1/2컵(300mℓ)
- □ 양조간장 1/2큰술
- □ 올리고당 1큰술

1 단호박은 껍질째 깨끗이 씻은 후 씨 부분을 제거하고 사방 2.5cm 크기로 썬다.

2 냄비에 모든 재료를 넣어 10~15분간 중간 불에서 졸인다.

간식은 물론 사이드 반찬으로도 추천!

치즈 감자그라탕

재료 1~2인분 / 조리시간 40분

- ☐ 감자 작은 것 1개(약 100g)
- ☐ 슈레드 피자 치즈 30g
- ☐ 우유 1/4컵(50mℓ)
- ☐ 버터 3g
- ☐ 소금 1꼬집
- ☐ 후춧가루 약간

1 냄비에 물(3컵), 감자를 넣어 센 불에서 15~20분간 익힌다. 한김 식힌 후 껍질을 제거한다. 오븐이나 에어프라이어를 170°C로 예열한다.

2 볼에 익힌 감자, 우유, 버터, 소금, 후춧가루를 넣고 으깬다. 내열용기에 담고 슈레드 피자 치즈를 뿌린 후 170°C 오븐이나 에어프라이어에 넣어 10분간 굽는다.

튀기지 않고 구워서 담백한 맛

구운 고구마빠스

재료 2~3인분 / 조리시간 30분

- □ 고구마 1~2개(약 200g)
- □ 올리브유 1큰술
- □ 올리고당 1큰술 (또는 물엿)
- □ 검은깨 1작은술 (또는 통깨)

1 고구마는 껍질째 3cm 폭으로 썬다. 오븐이나 에어프라이어를 170°C로 예열한다.

2 위생팩에 고구마, 올리브유를 넣고 흔들어 골고루 묻힌다.

3 170°C의 오븐이나 에어프라이어에 넣어 20분간 구워 한김 식힌다.

4 볼에 고구마, 올리고당, 검은깨를 넣어 골고루 버무린다.

Tip

* '빠스'는 중국어로 '실을 뽑는다'라는 뜻으로, 설탕시럽이 실처럼 묻어나는 모습을 보고 이름을 붙였다고 합니다. 고구마빠스는 보통 기름에 튀겨서 만들지만 오븐에 구운 고구마로 빠스를 만들면 튀겨야 하는 번거로움도 덜고 기름기도 적어 담백하게 즐길 수 있어요. 고구마가 퍽퍽하다면 우유를 함께 주세요.

알록달록 파프리카와 친해지게 하는 메뉴

파프리카 떡잡채

재료 2~3인분 / 조리시간 20분

- 파프리카 30g
- 양파 10g
- 가래떡 80g
- 육수 3큰술

→ 육수 만들기 38쪽

- 올리브유 1작은술
- 양조간장 1/2작은술
- 참기름 1/2작은술 + 1/2작은술
- 올리고당 1작은술
- 다진 마늘 1/2작은술
- 소금 1꼬집
- 검은깨 약간(생략 가능)

1 파프리카, 양파는 3cm 길이로 채 썬다.

2 가래떡은 3cm 길이로 썰어 6등분한다.

3 볼에 가래떡, 양조간장, 참기름(1/2작은술)을 넣어 버무린다.

4 달군 팬에 올리브유를 두르고 파프리카, 양파, 소금을 넣어 중간 불에서 1분간 볶는다.

5 육수, 올리고당, 다진 마늘, ③을 넣고 5분간 더 끓인다. 불을 끄고 참기름(1/2작은술)을 두르고 검은깨를 뿌린다.

Tip

* 가래떡은 갓 만든 말랑한 것으로 요리해야 맛있어요. 만약 냉동 가래떡을 사용한다면 실온에 두어 해동시킨 후 따뜻한 물에 담가 말랑하게 만들어 사용하세요.

떡으로만 만들면 부족한 영양 재료를 가득

메추리알 떡볶이

재료 1~2인분 / 조리시간 20분

- □ 조랭이떡 30g
- □ 메추리알 6개
- □ 당근 10g
- □ 브로콜리 10g

양념

- □ 물 1/2컵(100㎖)
- □ 토마토케첩 2큰술
- □ 양조간장 1/2작은술
- □ 고추장 1/2작은술
- □ 올리고당 1작은술 (또는 물엿)

1 볼에 따뜻한 물을 담고 조랭이떡을 5~10분간 담가둔다.

2 다른 볼에 양념 재료를 모두 넣어 골고루 섞는다.

3 당근은 채 썰고, 브로콜리는 한입 크기로 썬다.

4 냄비에 모든 재료를 넣어 중간 불에서 끓어오르면 5분간 익힌다.

Tip

* 매운 것을 못 먹는 아이라면 고추장 대신에 짜장가루를 넣어보세요. 토마토케첩을 넣어 색깔은 빨갛지만 맵지 않고 맛있는 떡볶이가 됩니다.

쫄깃한 떡과 어묵으로 씹는 즐거움이 있는

어묵볼 떡볶음

재료 1~2인분 / 조리시간 20분

- ☐ 떡볶이 떡 6개
- ☐ 어묵볼 5개
- ☐ 올리브유 1작은술
- ☐ 통깨나 파슬리가루 약간

양념

- ☐ 물 2큰술
- ☐ 토마토케첩 1큰술
- ☐ 다진 마늘 1/2작은술
- ☐ 양조간장 1/3작은술
- ☐ 올리고당 1작은술 (또는 물엿)

1 볼에 따뜻한 물을 담고 떡볶이 떡을 5~10분간 담가둔다. 체에 받쳐 물기를 뺀다.

2 끓는 물(1컵)에 어묵볼을 넣어 1~2분간 데친 후 체에 받쳐 물기를 뺀다.

3 볼에 양념 재료를 모두 넣어 골고루 섞는다.

4 달군 팬에 올리브유를 두르고 떡볶이 떡, 어묵볼을 넣어 중간 불에서 2~3분간 볶는다.

5 양념을 넣어 3분간 더 끓인다. 불을 끄고 통깨나 파슬리가루를 뿌린다.

Tip

* 어묵 대신 두부볼이나 소시지를 데쳐서 넣어도 좋아요.

달콤하고 향긋해서 더 맛있는

유자청 소떡소떡

Tip

* 유자청 대신 오렌지 마멀레이드나 사과잼을 사용해도 상큼한 소스를 만든 수 있어요.

재료 1인분 / 조리시간 20분

- ☐ 떡볶이 떡 3개
- ☐ 비엔나 소시지 3개
- ☐ 올리브유 1작은술

소스

- ☐ 유자청 1작은술
- ☐ 양조간장 1/2작은술
- ☐ 올리고당 1작은술 (또는 물엿)
- ☐ 참기름 1작은술

1 볼에 따뜻한 물을 담고 떡볶이 떡을 5~10분간 담가둔다. 체에 밭쳐 물기를 뺀다.

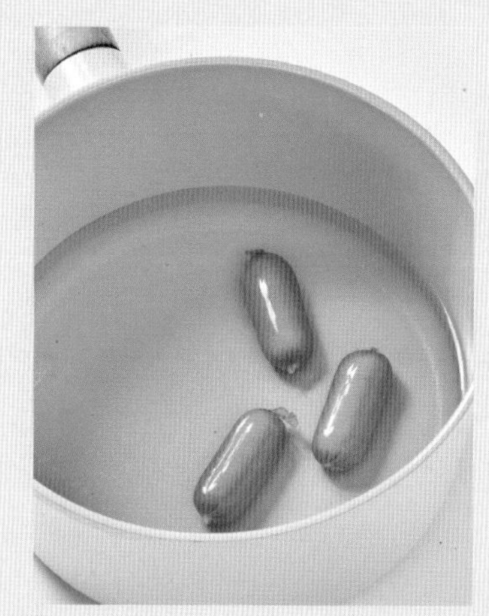

2 끓는 물(1컵)에 소시지를 넣어 30초간 데친다. 체에 밭쳐 물기를 뺀다.

3 꼬치에 떡볶이 떡, 소시지를 번갈아가며 꽂는다.

4 볼에 소스 재료를 모두 넣어 골고루 섞는다.

5 달군 팬에 올리브유를 두르고 ③을 올린 후 약한 불에서 2~3분간 뒤집어가며 노릇하게 굽는다.

6 소스를 부어 골고루 묻힌 후 뒤집어가며 약한 불에서 1~2분간 졸인다.

점심이 부실했다면 든든한 간식으로 주기 좋은

크랜베리 햄주먹밥

재료 2~3인분 / 조리시간 20분

- □ 따뜻한 밥 85g
- □ 슬라이스 햄 20g
- □ 말린 크랜베리 10g
- □ 당근 5g
- □ 참기름 1작은술
- □ 소금 1꼬집

1 당근은 잘게 다진다.

2 당근을 체에 넣어 끓는 물(1컵)에 담가 30초간 데친 후 건져 물기를 제거한다.

3 ②의 끓는 물에 슬라이스 햄을 넣어 30초간 데친다.

4 슬라이스 햄, 말린 크랜베리는 잘게 다진다.

5 볼에 모든 재료를 넣고 골고루 섞은 후 한입 크기로 뭉친다.

Tip

* 말린 크랜베리가 딱딱하다면 따뜻한 물에 10분 정도 불려 사용하세요.
* 주먹밥은 아이와 함께 만들어보세요. 아이들이 좋아하는 놀이가 되고 편식도 줄일 수 있어요.

좋은 재료만 섞어 만든 엄마표 건강 과자

치즈 오트쿠키

Tip

* 쿠키를 줄 때 쿠키 틀로 찍은 슬라이스 치즈를 곁들여도 좋아요.

재료 2~3인분 / 조리시간 40분

- □ 박력분 60g
- □ 귀리가루 30g
- □ 슬라이스 체다 치즈 1장(10g)
- □ 크림치즈 30g
- □ 유기농 설탕 20g
- □ 버터 30g

1 슬라이스 체다 치즈는 사방 0.5cm 크기로 잘게 썬다. 작은 볼에 버터를 담고 전자레인지에서 30초간 돌려 녹인다.

2 박력분, 귀리가루는 체에 내려 볼에 담는다. 오븐이나 에어프라이어는 170°C로 예열한다.

3 ②의 볼에 슬라이스 체다 치즈, 크림치즈, 녹인 버터, 설탕을 넣어 한덩어리가 되도록 골고루 섞는다.

4 도마에 반죽을 올려 0.5cm 두께가 되도록 밀대로 민다.

5 모양 틀로 반죽을 찍어 유산지를 깐 오븐 팬에 올린다.

6 170°C의 오븐이나 에어프라이어에 넣어 20분간 굽는다.

완전식품 달걀을 넉넉히 먹일 수 있는 영양 간식

치즈 달걀빵

재료 3인분 / 조리시간 30분

- ☐ 달걀 3개
- ☐ 파프리카 10g
- ☐ 핫케이크 가루 60g
- ☐ 우유 4큰술(60g)
- ☐ 저염 슬라이스 치즈 1장
- ☐ 버터 약간

1 파프리카는 0.5cm 크기로 다진다. 오븐이나 에어프라이어는 180°C로 예열한다.

2 볼에 핫케이크 가루, 우유를 넣고 골고루 섞은 후 파프리카를 넣고 한 번 더 섞는다. 저염 슬라이스 치즈를 잘게 뜯어 넣는다.

3 머핀 틀에 버터를 골고루 펴 바르거나 유산지를 깐다.

4 머핀 틀에 ②를 나눠 담은 후 달걀 1개씩 깨뜨려 올린다. 180°C의 오븐이나 에어프라이어에 넣어 20분간 굽는다.

Tip

* 오븐이나 에어프라이어의 사양에 따라 굽는 시간이 다를 수 있어요. 20분 구운 후 이쑤시개로 찔러 반죽이 묻어나오지 않는다면 다 익은 거예요.

아몬드가루로 더 고소하게 만든

No 밀가루 바나나 팬케이크

재료 2~3인분 / 조리시간 15분

- ☐ 바나나 1개
- ☐ 달걀 1개
- ☐ 아몬드가루 1큰술
- ☐ 버터 3g

1 볼에 바나나를 넣어 포크로 잘게 으깬다.

2 ①의 볼에 달걀, 아몬드가루를 넣어 골고루 섞는다.

3 달군 팬에 버터를 넣어 녹인 후 ②를 올려 약한 불에서 5분간 뒤집어가며 굽는다.

Tip

* 견과류 알레르기가 있다면 아몬드가루 대신 쌀가루로 대체해 만드세요.

비타민 A가 풍부한 당근을 넉넉히 먹이는 방법

요거트 당근라페 샌드위치

Tip

* 일반 디종 머스터드는 아이들에게 매울 수 있어요. 씨겨자를 갈아서 연하게 만들어 꿀을 더한 달콤한 허니 머스터드를 사용하세요.
* 당근라페는 미리 만들어 냉장고에 2~3시간 정도 재워두면 더 맛있어요.

재료 2인분 / 조리시간 15분
+
당근라페 재우기 30분

- □ 모닝빵 2개
- □ 당근 작은 것 1/2개(80g)
- □ 슬라이스 햄 1장

당근라페 양념

- □ 무가당 플레인 요거트 2큰술
- □ 레몬즙 1작은술 (또는 식초)
- □ 올리고당 1작은술
- □ 허니 머스터드 1작은술
- □ 소금 1꼬집
- □ 올리브유 1작은술

1 끓는 물(1컵)에 슬라이스 햄을 넣어 30초간 데친다. 물기를 제거하고 얇게 채 썬다.

2 당근은 얇게 채 썬다.
↳ 푸드프로세서로 얇게 채 썰면 편해요.

3 볼에 당근, 당근라페 양념 재료를 넣어 골고루 섞은 후 냉장실에 넣어 30분간 재운다.

4 ③에 슬라이스 햄을 넣어 골고루 섞는다.

5 모닝빵 속을 판 낸다.

6 모닝빵 2개에 ④를 나눠 넣는다.
↳ 당근라페에 생긴 물기를 털어내고 모닝빵에 넣어야 축축해지지 않아요.

아이들이 먹기 좋게 만든 엄마표 길거리 토스트

달걀말이 샌드위치

재료 1~2인분 / 조리시간 25분

- ☐ 식빵 1장
- ☐ 달걀 2개
- ☐ 양파 5g
- ☐ 당근 5g
- ☐ 양배추 10g
- ☐ 소금 1꼬집
- ☐ 식용유 1작은술
- ☐ 마요네즈 약간
- ☐ 토마토케첩 약간

1 양파, 당근, 양배추는 잘게 다진다.

2 볼에 달걀을 넣고 푼 후 양파, 당근, 양배추, 소금을 넣어 섞는다.

3 달군 팬에 식용유를 두르고 중약 불에서 ②를 부어 넓게 편 후 윗면이 살짝 익기 시작할 때까지 그대로 둔다. 약한 불로 줄이고 2개의 뒤집개로 달걀말이를 한다.

4 달군 팬에 식빵을 올려 약한 불에서 앞뒤로 1분씩 굽는다.

↳ 토스터기로 구워도 돼요.

5 식빵은 4등분하고 달걀말이도 같은 크기로 2개를 준비한다.

↳ 남은 달걀말이는 샌드위치와 함께 간식으로 주세요.

6 식빵에 마요네즈, 토마토케첩을 각각 바르고 달걀말이를 올려 샌드위치를 만든다. 나머지도 같은 방법으로 만든다.

영양이 풍부한 아보카도를 듬뿍 올린

아보카도 또띠아피자

재료 2~3인분 / 조리시간 20분

- □ 잘 익은 아보카도 1/2개
- □ 또띠아 1장
- □ 방울토마토 3개
- □ 슬라이스 햄 20g
- □ 슈레드 피자 치즈 30g

1 끓는 물(1컵)에 슬라이스 햄을 넣어 30초간 데친다. 체에 밭쳐 물기를 없앤다.

2 방울토마토, 슬라이스 햄은 잘게 다진다. 오븐이나 에어프라이어는 170°C로 예열한다.

Tip

* 덜 익은 아보카도는 잘 으깨지지 않아요. 아보카도의 겉면이 거무스름하고 눌렀을 때 말랑한 것이 잘 익은 아보카도랍니다.

3 아보카도는 2등분해 씨를 제거하고 껍질을 벗긴다. 볼에 아보카도를 넣어 포크로 곱게 으깬다.

↳ 아보카도 손질하기 37쪽

4 또띠아에 아보카도를 펴 바른 후 나머지 재료를 골고루 올린다. 170°C의 오븐이나 에어프라이어에서 15분간 굽는다.

Index 재료별

쇠고기

돼지고기

닭고기

달걀, 메추리알

가자미, 대구, 동태(흰살 생선)

고등어, 삼치, 연어(등푸른 생선)

새우

오징어, 주꾸미

그 외 해물(전복, 조개류 등)

해조류

어묵, 게맛살, 참치

햄, 베이컨, 훈제오리

〈골고루 식습관 유아식〉과 함께 보면 좋은 책

〈진짜 기본 베이킹책〉
월간 수퍼레시피 지음 / 296쪽

베이킹을 한 번도 해본 적 없는 엄마들도 이 한 권이면 기본 베이킹은 진짜 끝!

- ☑ '진짜 기본'이 되는 베이킹책을 만들기 위해 레시피팩토리 독자기획단 101명과 함께 고르고 기획한 기본 메뉴
- ☑ 작은 과자, 머핀, 파운드 케이크, 타르트, 파이, 빵까지 더 이상 더할 것도, 뺄 것도 없는 111개 레시피
- ☑ 베이킹 왕초보 엄마도 성공 가능한 정확한 분량, 온도, 시간 표기
- ☑ 기본 반죽을 재료, 필링, 토핑 등으로 다양하게 응용 가능
- ☑ 재료 특성과 보관법, 도구 고르는 법, 관리법까지 정보 총망라

평범했던 집밥, 비슷했던 도시락을 더욱 맛있고 특별하게 해줄 별미 한입밥

- ☑ 레팩 테스트키친 팀장으로 일한 요리연구가의 노하우
- ☑ 아이들이 환호하는 별미김밥, 각양각색 주먹밥, 토핑이 근사한 유부초밥 등 총 48가지 레시피
- ☑ 아이들을 위해 매운 맛의 메뉴는 맵지 않게 만드는 팁
- ☑ 달고 짠 시판 재료들은 조금 더 건강한 홈메이드로
- ☑ 한입밥이 더 푸짐해지는 국물과 사이드 메뉴까지 소개해 집밥과 도시락까지 가뿐하게 준비 가능

〈매일 만들어 먹고 싶은 별미김밥 / 주먹밥 / 토핑유부초밥〉
정민 지음 / 136쪽

늘 곁에 두고 활용하는 소장 가치 높은 책을 만듭니다 레시피팩토리

홈페이지 www.recipefactory.co.kr

〈추억을 만드는 귀여운 도시락, 캐릭터 콩콩도시락〉
김희영 지음 / 176쪽

나들이, 홈소풍이 근사해지는 엄마표 캐릭터 도시락

- ☑ 도시락 하나로 91만 팔로워와 소통하는 파워 인플루언서 콩콩도시락 책 2탄
- ☑ 재료, 조리법, 모양내기 간편해 아이들과 함께 준비하기 좋은 캐릭터 도시락 40여 가지
- ☑ 동물, 과일, 리본, 별, 하트 등 아이들은 물론 청소년, 어른들도 좋아하는 인기 캐릭터 소개
- ☑ 주먹밥, 김밥, 볶음밥, 덮밥 등 밥 도시락과 빵 도시락까지
- ☑ 만들기 쉽고 식어도 맛있는 20여 가지 도시락 반찬도 수록

아이들이 먹는 음식에 교육적 의미 담은 세상 하나뿐인 엄마표 교육밥상

- ☑ 재미있게 먹으면서 창의력, 사고력 쑥쑥 키우는 60가지 레시피
- ☑ 창의력, 사고력, 상식, 과학, 독후 활동 5가지 테마로 구성
- ☑ 5~12세 아이 눈높이에 맞춰 재미나게 먹으면서 자연스럽게 키우는 '생각하고 기억하는 힘'
- ☑ 아주 간단한 아이템부터 조금 난이도 높은 메뉴까지
- ☑ 식사 집중력이 약한 아이, 편식 있는 아이에게도 준비해줄 수 있는 특별한 식사

〈두 아이 영재로 키운 엄마표 교육밥상, 에듀푸드〉
곽윤희 지음 / 216쪽

집에서도, 밖에서도 편식 없이 잘 먹는 아이로 키우는 유아 식습관 레시피

골고루 식습관 유아식

1판 1쇄 펴낸 날 2023년 12월 5일

편집장 김상애
편집 김민아
디자인 조운희
사진 김준영(happywave studio)
푸드 스타일링 전보라
기획 · 마케팅 정남영 · 엄지혜

편집주간 박성주
펴낸이 조준일

펴낸곳 (주)레시피팩토리
주소 서울특별시 용산구 한강대로 95 래미안용산더센트럴 A동 509호
대표번호 02-534-7011
팩스 02-6969-5100
홈페이지 www.recipefactory.co.kr
애독자 카페 cafe.naver.com/superecipe
출판신고 2009년 1월 28일 제25100-2009-000038호

제작 · 인쇄 (주)대한프린테크

값 22,000원

ISBN 979-11-92366-31-9

Copyright © 김미리 & 김좋은, 2023
이 책의 레시피, 사진 등 모든 저작권은 저자와 (주)레시피팩토리에 있는 저작물이므로
이 책에 실린 글, 레시피, 사진의 무단 전재와 무단 복제를 금합니다.

* 인쇄 및 제본에 이상이 있는 책은 구입하신 서점에서 교환해 드립니다.

장소 협찬 eternal season(www.instagram.com/_eternal.season_)
제품 협찬 켄우드 푸드프로세서 멀티프로고
탁가온(brand.naver.com/tackaon)

〈골고루 식습관 유아식〉을 함께 만든 독자 기획단

권민정 김봉성 김선애 김송연 김수진 문보람 문솔희 박민경 박윤영 방수진
서주연 신미리 안성훈 양희원 원재희 유다교 박다정 이수진 이유리 이지아
이지현 장경진 장윤희 정진주 최소현 최진영 최한나 홍수향 황수현